7. Kolloquium Mobilhydraulik

27./28. September 2012 in Karlsruhe

Veranstaltet von

Lehrstuhl für Mobile Arbeitsmaschinen (Mobima),
Karlsruher Institut für Technologie (KIT)

Institut für mobile Maschinen und Nutzfahrzeuge (IMN),
Technische Universität Braunschweig

VDMA Fachverbände: Bau- und Baustoffmaschinen,
Fluidtechnik, Landtechnik

WVMA – Wissenschaftlicher Verein für Mobile
Arbeitsmaschinen e. V.

Herausgegeben von

Lehrstuhl für Mobile Arbeitsmaschinen (Mobima),
Karlsruher Institut für Technologie (KIT)
        Prof. Dr.-Ing. Marcus Geimer

Verband Deutscher Maschinen- und Anlagenbau (VDMA)
        Dipl.-Ing. Peter-Michael Synek

WVMA – Wissenschaftlicher Verein für Mobile
Arbeitsmaschinen e. V.

Karlsruher Schriftenreihe Fahrzeugsystemtechnik
Band 14

Herausgeber
FAST Institut für Fahrzeugsystemtechnik
    Prof. Dr. rer. nat. Frank Gauterin
    Prof. Dr.-Ing. Marcus Geimer
    Prof. Dr.-Ing. Peter Gratzfeld
    Prof. Dr.-Ing. Frank Henning

Das Institut für Fahrzeugsystemtechnik besteht aus den eigenständigen Lehrstühlen für Bahnsystemtechnik, Fahrzeugtechnik, Leichtbautechnologie und Mobile Arbeitsmaschinen

Eine Übersicht über alle bisher in dieser Schriftenreihe erschienenen Bände finden Sie am Ende des Buchs.

7. Kolloquium Mobilhydraulik

27./28. September 2012 in Karlsruhe

Herausgegeben von

Lehrstuhl für Mobile Arbeitsmaschinen (Mobima),
Karlsruher Institut für Technologie (KIT)
Prof. Dr.-Ing. Marcus Geimer

Verband Deutscher Maschinen- und Anlagenbau (VDMA)
Dipl.-Ing. Peter-Michael Synek

WVMA – Wissenschaftlicher Verein für Mobile
Arbeitsmaschinen e. V.

Impressum

Karlsruher Institut für Technologie (KIT)
KIT Scientific Publishing
Straße am Forum 2
D-76131 Karlsruhe
www.ksp.kit.edu

KIT – Universität des Landes Baden-Württemberg und nationales
Forschungszentrum in der Helmholtz-Gemeinschaft

KIT Scientific Publishing 2012
Print on Demand

ISSN 1869-6058
ISBN 978-3-86644-881-0

Vorwort

Sehr geehrte Damen und Herren,

das 7. Kolloquium Mobilhydraulik findet erneut in Karlsruhe statt und knüpft damit an die Tradition an, die Tagung im Wechsel zwischen der Technischen Universität Braunschweig und dem Karlsruher Institut für Technologie KIT durchzuführen. Die Besonderheit der Tagung liegt darin, dass jeder Referent zu seinem Vortrag ein funktionsfähiges Exponat mitbringen muss. Auf diese Besonderheit hat der Initiator der Tagung, Professor Harms, stets großen Wert gelegt.

Auf die Nachfolge von Professor Harms wurde Professor Frerichs berufen, der das Institut neu ausgerichtet und ihm den Namen „Institut für mobile Maschinen und Nutzfahrzeuge, IMN" gegeben hat. Ich freue mich, dass er zusammen mit Herrn Professor Lang das Kolloquium in bewährter Weise fortführen möchte.

Träger der Veranstaltung sind neben den genannten Instituten die Fachverbände Bau- und Baustoffmaschinen, Fluidtechnik und Landtechnik des Verbands Deutscher Maschinen- und Anlagenbau, VDMA, sowie der Wissenschaftliche Verein für Mobile Arbeitsmaschine e.V. Karlsruhe.

Mein besonderer Dank gilt allen Referenten, die zum Gelingen der Tagung beitragen. Sie müssen nicht „nur", wie auf anderen Tagungen üblich, ihren Beitrag vorbereiten und halten, sondern auch ein Exponat oder eine Maschine organisieren, an der das Vorgetragene gezeigt werden kann.

Zusätzlich gilt mein Dank Herrn Synek vom VDMA, der die Veranstaltung mitorganisiert, tatkräftig unterstützt und jederzeit ein offenes Ohr hat.

Nicht zuletzt gilt mein Dank meinen Mitarbeitern, die dafür sorgen, dass die Tagung reibungslos abläuft. Die Hauptlast, insbesondere im Vorfeld, trugen Herr Dipl.-Ing. Peter Dengler und Herr Dipl.-Ing. Timo Kautzmann.

Wir freuen uns auf eine spannende Tagung und hoffen auf lebendige Diskussionen und fruchtbare Gespräche. Wir wünschen allen einen angenehmen Aufenthalt in Karlsruhe.

Im Namen aller Mitarbeiter des Lehrstuhls
Ihr

Inhaltsverzeichnis

Neue mechatronische Systeme

Hybridantriebe und alternative Antriebskonzepte

Elektrifizierung der Arbeitsausrüstung mit Zylinderantrieben

Ein neuartiges Antriebssystem

Dipl.-Ing. (FH) Dierk Peitsmeyer

Internationale Hydraulikakademie, 01108 Dresden, Deutschland

Kurzfassung

Um bei zukünftigen Maschinen mit elektrischen Antrieben auch die Arbeitsausrüstung mit zu berücksichtigen sind entsprechende Antriebskonfigurationen erforderlich. Die Drosselverluste von Ventilsteuerungen sind gerade im Parallelbetrieb mit unterschiedlichem Lastdruck hoch. Die in der Industrie verwendeten Pumpenantriebe mit variabler Drehzahl sind nicht uneingeschränkt 4-quadrantenfähig. Eine mögliche Lösung für einen elektrifizierten Antrieb der Arbeitsausrüstung mit Differentialzylinder und Differentialpumpe wird in diesem Beitrag vorgestellt.

Stichworte

Mobile Arbeitsmaschinen, Elektrifizierung, Differentialzylinder, Differentialpumpe, Servomotor, Sekundärregelung

1 Einleitung

Die Entwicklungen zur Elektrifizierung der Antriebe für mobile Arbeitsmaschinen berücksichtigen bisher nur rotierende Arbeitsfunktionen.

„In Fachkreisen ist man davon überzeugt, dass sich die Umstellung auf elektrische Lösungen vorrangig bzw. ausschließlich auf rotatorische Antriebe (Verbraucher) beschränken wird. In der Landtechnik wird beispielhaft die Dreschtrommel des Mähdreschers genannt und bei mobilen Baumaschinen kann man auch reichlich Anwendungsbeispiele (z. B. Fahr- und Schwenkantriebe) finden." [1]

Da auch lineare Antriebe für viele Arbeitsfunktionen vorhanden sind, sollte für ein vollständiges System auch eine Möglichkeit der Elektrifizierung dieser Antriebe entwickelt werden.

Oft wird die Ansicht vertreten, dass elektrische Antriebe nicht die erforderliche Dynamik und Kraft im Vergleich zur Hydraulik haben!

"Der Elektrik fehlt es an Kraft und Dynamik gegenüber der Hydraulik" [2] Diese Aussage ist so nicht ganz korrekt. Immerhin werden Lokomotiven und die größten Mining-Maschinen der Welt elektrisch angetrieben. Noch größere elektrische Antriebe sind als Fahrantriebe u.a. als POD-Antriebe auf Schiffen zu finden. Jeder Industrieroboter ist mit dynamischen elektrischen Antrieben ausgestattet.

Bei elektromechanischen Linear-Antrieben ist die Mechanik mit Getriebe, Kugelrollspindel, Zahnstange usw. und nicht der elektrische Motor der Schwachpunkt. Die Kraftübertragung bei Spindeln ist begrenzt und nicht so robust wie ein Hydraulikzylinder. Elektromechanische Linear-Antriebe sind an Baumaschinen somit nicht praktikabel. LeTourneau konstruierte und baute in den 1950´er Jahren voll elektrisch angetriebene Baumaschinen, in denen E-Motoren in den Radnaben und elektrisch angetriebene Zahnstangen für Hubbewegungen eingesetzt wurden [3]. Diese Konstruktionen haben sich nicht durchgesetzt.

Sinnvoll ist es, die Vorteile der elektrischen Antriebstechnik, wie gute Steuer- und Regelbarkeit, hoher Wirkungsgrad, guter Ausbildungsstand mit denen der Hydraulik, wie robuste und kompakte Komponenten für lineare Bewegungen, Überlastsicherheit, zu verbinden. Ein weiterer Aspekt ist es, dass Hydraulikkenntnisse nicht so verbreitet sind wie Kenntnisse der elektrischen Antriebs- und Steuerungstechnik. Es bestehen Mängel in der Ausbildung in Bezug auf die Hydraulik. Wünschenswert sind effizientere und einfacher zu handhabende Antriebssysteme.

In diesem Beitrag werden bestehende Systeme betrachtet und eine mögliche neue Lösung vorgestellt.

2 Widerstandssteuerung mit Proportionalventil

Diese Systeme stellen den aktuellen Stand der Technik dar. Sie sind kostengünstig, da eine Pumpe mittels Ventilsteuerungen für mehrere Verbraucher genutzt wird. Die Kontrolle der Geschwindigkeit = Volumenstrom erfolgt durch Drosselung und ist vom Steuerquerschnitt und der anliegenden Druckdifferenz abhängig. Werden Verbraucher mit unterschiedlichem Lastdruck von einer Pumpe versorgt können hohe Drosselverluste im Parallelbetrieb entstehen. Jede Drosselung bedeutet Verluste, die insbesondere beim Senken von Lasten sehr hoch werden können. Um keinen Unterdruck zu erzeugen müssen Lasten immer mit einem positiven Druck im Zulauf gesenkt werden. Statt die Senkenergie zu rekuperieren muss noch zusätzlich Energie aufgewendet werden. Bei Loadsensing-Systemen sind die Verluste im Parallelbetrieb an den Druckwaagen nicht unerheblich. Hinzu kommen die Komplexität der Loadsensing-Systeme und die Neigung zu Schwingungen. Es sind spezielle Hydraulikkenntnisse erforderlich, die nicht immer verfügbar sind. Die Änderung der hydraulischen Verstärkung in Abhängigkeit der Druckdifferenz ist für viele Anwender problematisch.

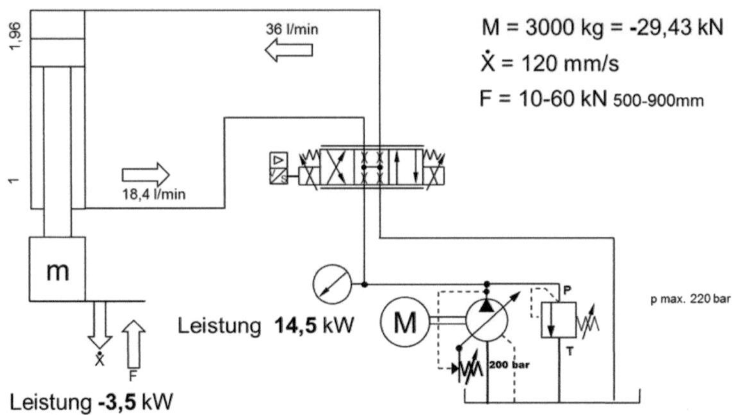

Abb. 1: Widerstandssteuerung Konstantdrucksystem mit Proportionalventil

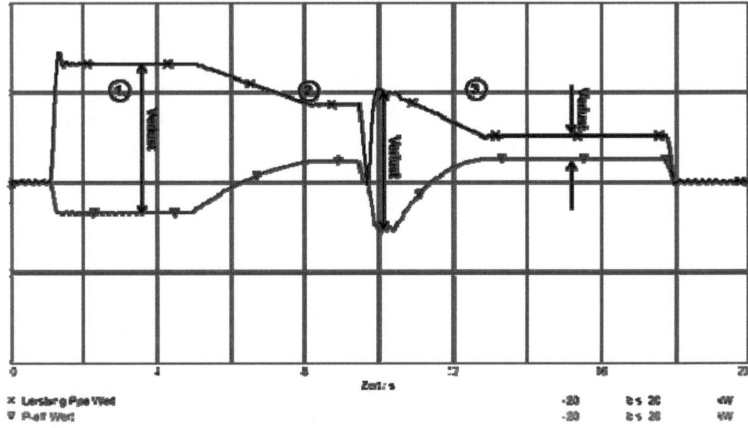

Abb. 2: Verlustleistung im Konstantdrucksystem mit Proportionalventil

Ein konstantes Ansteuersignal bedeutet in einem hydraulischen System nicht unbedingt eine gleichbleibende proportionale Geschwindigkeit, da auch die Druckdifferenz am Steuerkolben und die Flächendifferenz des Zylinders einen Einfluss haben. System- oder Lastdruckänderungen bewirken eine andere Druckdifferenz und somit Geschwindigkeitsänderungen. Mit Druckwaagen kann dies zwar weitgehend ausgeglichen werden, aber es sind Verluste und Schwingungsgefahr vorhanden.

3 Verdrängersteuerung mit p-q-geregelter Pumpe

Ziel eines energieeffizienten Hydrauliksystems muss es sein keine Drosselverluste zu erzeugen. Mit der Verdrängersteuerung ist keine Drosselung zur Geschwindigkeitskontrolle erforderlich, da die Geschwindigkeit des Verbrauchers mit der Fördermenge der Pumpe direkt gesteuert wird. Es wird nur der erforderliche Volumenstrom erzeugt und der Druck entsteht nur in Abhängigkeit der Widerstände und Lasten. Ein Parallelbetrieb mit Verbrauchern bei unterschiedlichem Lastdruck ist ohne Drosselventile auch hier nicht möglich. Im seriellen Betrieb hat die Verdrängersteuerung einen guten Wirkungsgrad. Verluste im Stillstand der Verbraucher entstehen aber schon durch die rotierende Pumpe und das Steueröl. Bei ziehenden Lasten (senken, bremsen) ist Unterdruck nicht zulässig. Daher sind optimierte Ablaufkanten, Gegenhalteventile oder Senkbremsventile erforderlich, die wiederrum Drosselverluste erzeugen. Eine Rekuperation der Senkenergie ist nicht möglich.

4 Verdrängersteuerung mit drehzahlvariabler Pumpe

Bei diesem Prinzip wird nicht die Pumpe verstellt sondern die Drehzahl des Antriebsmotors für eine Konstantpumpe variiert. Bei Stillstand der Verbraucher kann der Antriebsmotor abgeschaltet werden und es entsteht keine Verlustleistung. Auch hier sind bei ziehenden Lasten Gegenhalteventile erforderlich. Eine Rekuperation ist möglich, indem der Elektromotor als Generator arbeitet und Leistung in den Zwischenkreis einspeist. Problematisch ist dabei ein Quadrantenwechsel in der Bewegung, z.B. Senken der Last mit anschließendem Pressen. Zunächst wird die Last generatorisch gesenkt. Dabei arbeitet die Pumpe als Motor, der vom ablaufenden Volumenstrom angetrieben wird. Zum Pressen erfolgt eine Umkehr der Wirkrichtung. Die Last muss nun von der Pumpe angetrieben werden, wozu der Volumenstrom auf die gegenüberliegende Seite des Zylinders geschaltet werden muss.

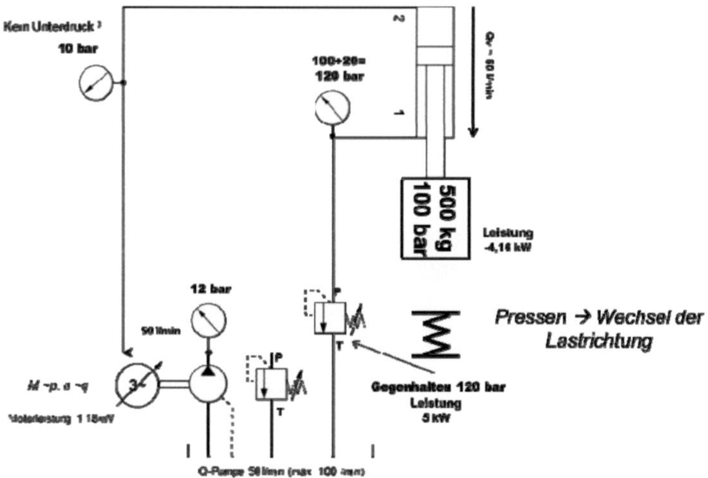

Abb. 3: Servo-Pumpe mit negativer Last und Gegenhaltung

5 Verdrängersteuerung mit 4-Quadranten-Pumpe und Ventil zur Steuerung der Differenzmenge

Eine einfache und kompakte Lösung für einen 4-quadrantenfähigen Antrieb mit einem Differentialzylinder ist eine 4-Quadrantenpumpe mit einem Ventil zur Steuerung der Differenzmenge. Werden die Ventile druckabhängig geschaltet kommt es beim Wechsel der Lastrichtung zur schlagartigen Verzögerung oder Beschleunigung. Starke Schwingungen sind wegen der Schaltvorgänge der Ventile möglich. Im Diagramm 3 ist das Verzögern beim Einfahren des Zylinders dargestellt. Eine Dämpfung des Ventils erzeugt Kavitation im System.

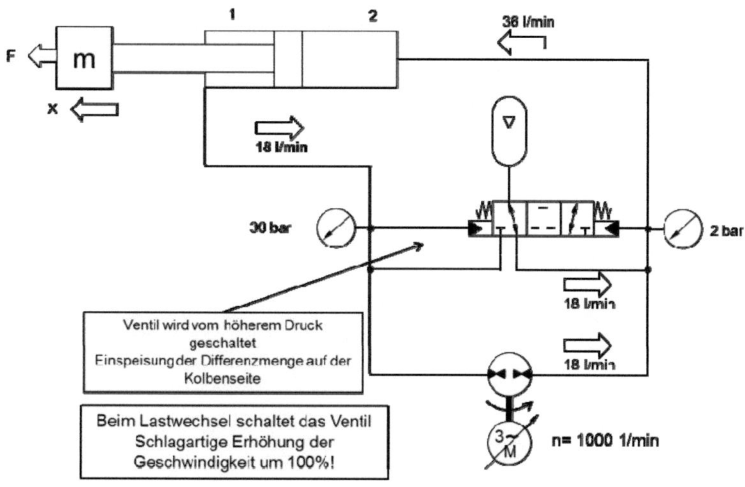

Abb. 4: Ziehende Last mit Einspeisung auf Kolbenseite

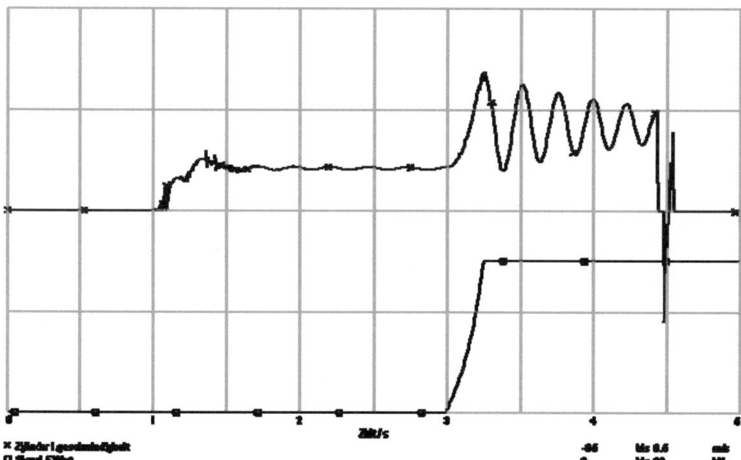

Abb. 5: Wechsel der Lastrichtung, hohe Beschleunigung mit Schwingungen

6 Verdrängersteuerung mit Differentialpumpe /- Transformator

Das Prinzip der Differentialpumpe mit Differentialzylinder ist ein stabiles System bei dem keine Ventile zur Geschwindigkeitskontrolle oder Umschaltung der Wirkrichtung erforderlich sind. Bei gleicher Drehzahl +/- ergibt sich eine annährend gleiche Geschwindigkeit für Ein- u. Ausfahren. Dadurch ist eine symmetrische Ansteuerung ähnlich einem mechanischen Getriebe gegeben. Die Unterschiede zur Mechanik sind: Schlupf durch Leckage, Elastizität wegen Kompressibilität des Öls und Überlastsicherheit durch Druckbegrenzungsventile. Die Drehmomentbegrenzung erfolgt verlustarm mittels Strombegrenzung des Motors. Stillstand des Antriebs wenn keine Verbraucherbewegung vorhanden ist. Für elektrische Steuerungstechniker ist dieses System gut zu verstehen, da keine spez. Hydraulikkenntnisse erforderlich sind. Der Druck ergibt sich immer entsprechend der Last, der Volumenstrom entspricht der angesteuerten Geschwindigkeit.

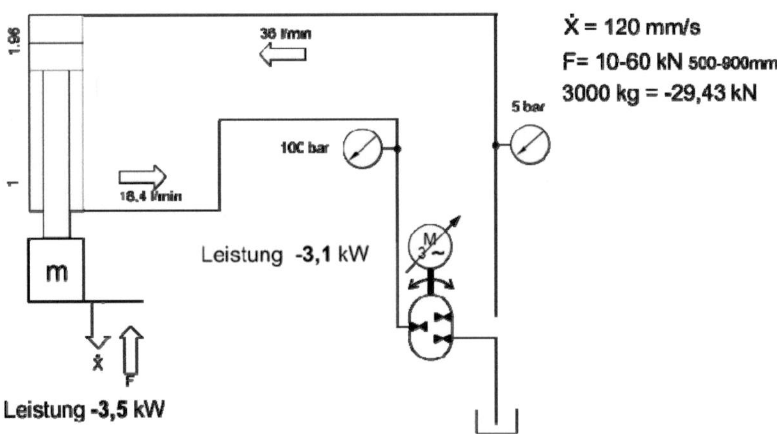

Abb. 6: Prinzip Differentialpumpe

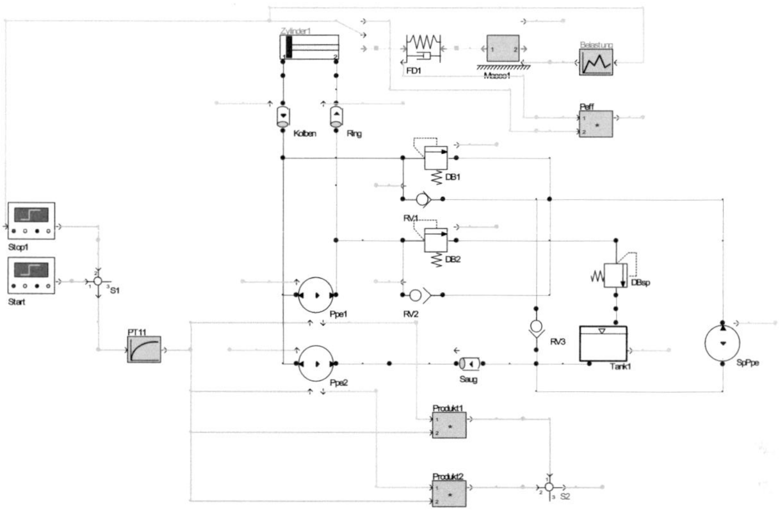

Abb. 7: Modell des prinzipiellen Aufbaus

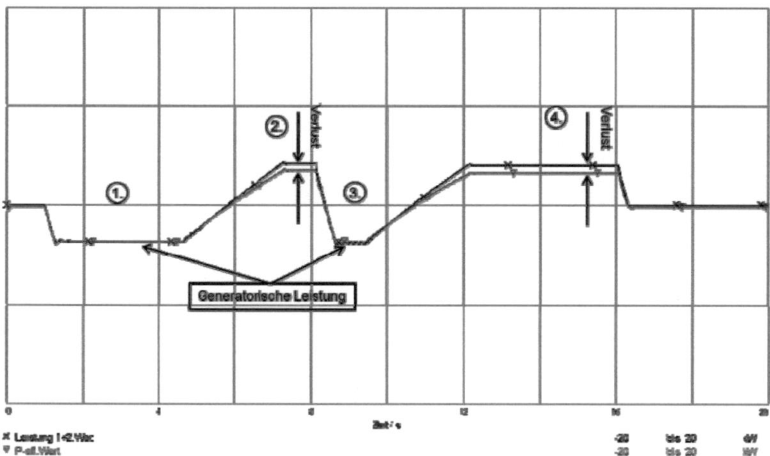

1. Beim Senken wird Leistung zurückgeführt.
2. Die Leistung steigt mit der Belastung. Die Verlustleistung steigt mit höherem Druck wegen der Pumpenleckage
3. Beim Entlasten wird Leistung zurückgeführt
4. Heben sehe 2

Abb. 8: Verlustleistung mit Differentialpumpe, ziehende Last und drückende Last

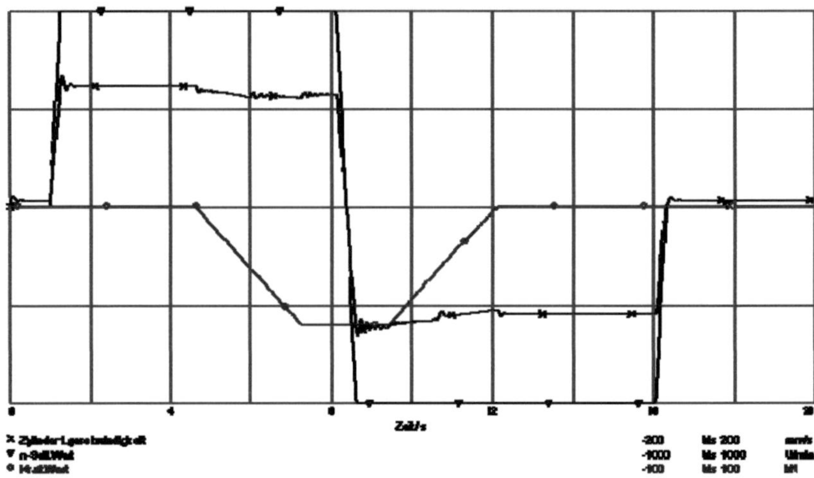

Abb. 9: ziehende Last → drückende Last, ausfahren → einfahren

Die Rekuperation von Senk- und Entlastungsenergie ist in einfacher Weise möglich, es sind keine Senkbremsventile erforderlich. Verluste können durch entsprechend groß dimensionierte Komponenten und Zylinderdichtungen mit geringer Reibung reduziert werden.

Das Verhältnis der Pumpen zu den Flächen des Differentialzylinders ist bei der Verwendung von Konstantpumpen eingeschränkt. Pumpen mit einstellbarem vg. zur Anpassung an das Zylinderflächenverhältnis können diesen Nachteil beseitigen.

Die Nutzung von hohen Drehzahlen ergibt ein hohes Übersetzungsverhältnis mit geringerem Drehmoment am Servomotor, d.h. die Leistung wird mehr mit der Drehzahl erreicht. Die Erwärmung ist wegen der geringeren Stromaufnahme reduziert und es sind kompakte Einheiten möglich.

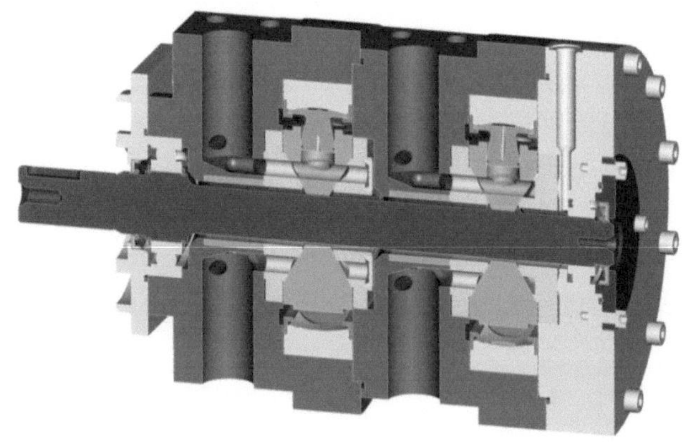

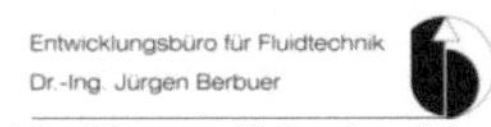

Abb. 10: mögliche Ausführung mit einstellbaren Radialkolbenpumpen [4]

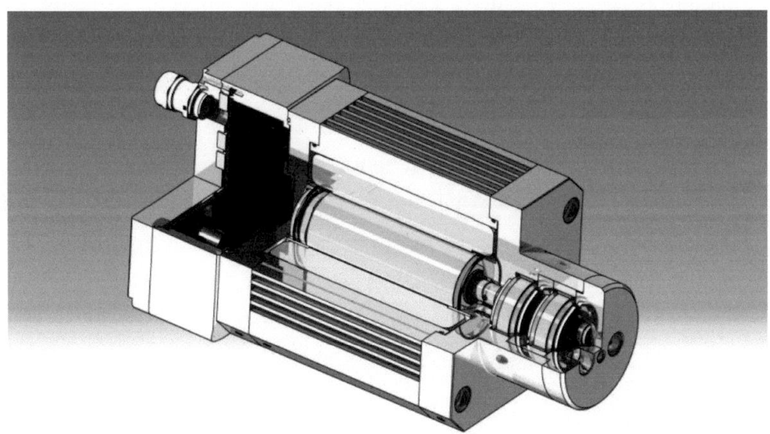

Abb. 11: mögliche Ausführung mit Innenzahnradeinheiten [5]

Da bei einer mobilen Arbeitsmaschine ein Partikeleintrag über die Zylinderstange möglich ist, ist eine Filtration unbedingt erforderlich. Das System muss gut entlüftet werden, um einen steifen Antrieb zu erhalten. Diese Forderungen sind bei geschlossenen Systemen mit Speichern und „Lebensdauerfüllung" nur schwer zu erreichen. Daher wurde ein System mit offenem Tank und einer Speise-/ Umwälzpumpe gewählt. Nach einer Anfangsentlüftung findet eine weitere und ständige Entlüftung im Tank statt. Mit dem relativ geringen Umwälzvolumenstrom wird das System immer gefüllt und das Fluid gefiltert.

Mit Sperrventilen wird der Zylinder in Position gehalten. Der Antrieb kann abgeschaltet werden und hat dabei keinen Energiebedarf. Mit der Programmierung der Steuerung des Servomotors konnte ein optimales Steuer- und Regelverhalten erreicht werden. Die Last folgt exakt der Vorgabe mit dem Joystick unter allen Lastbedingungen.

Bisher wurden nur Versuche an einem Demonstrator mit 350 kg dynamischer Masse hängend an einem Differentialzylinder und einem Wechsel der Lastrichtung bis 20 kN positiver Last durchgeführt. Versuche an realen Maschinen sind noch nicht erfolgt. Die bisherigen Untersuchungen der IHA zeigen eine zukünftige Möglichkeit der Elektrifizierung von Arbeitsausrüstungen mit Differentialzylindern auf. Die Hydraulik ist dabei relativ einfach und erfordert keine Einstellarbeiten beim Anwender. Die gesamte Steuerungskompetenz liegt in der Ansteuerung des Frequenzumrichters. Bei Vergleichsmessungen mit einem Konstantdrucksystem und Proportionalventil konnten bis zu 93% Unterschied im Energieverbrauch nachgewiesen werden. Allerdings ist für alle Antriebe die gleichzeitig gefahren werden sollen je ein Motor mit Differentialpumpe erforderlich. Dieser Aufwand ist jedoch bei energieeffizienten Mehrkreissystemen mit mehreren Pumpen nicht viel geringer.

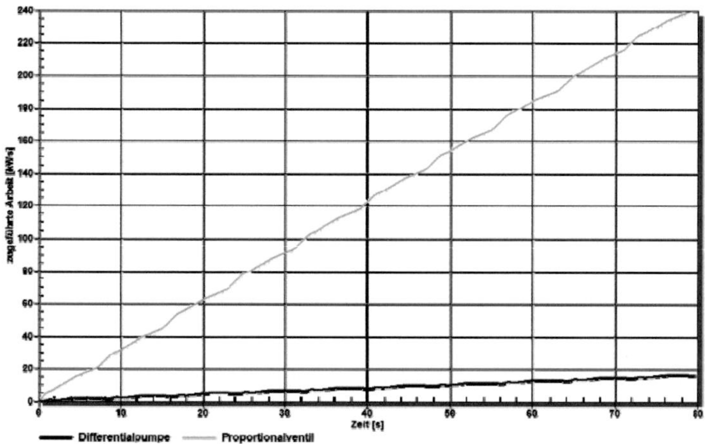

Abb.12: Vergleich zugeführte Arbeit Proportionalventil und Differentialpumpe

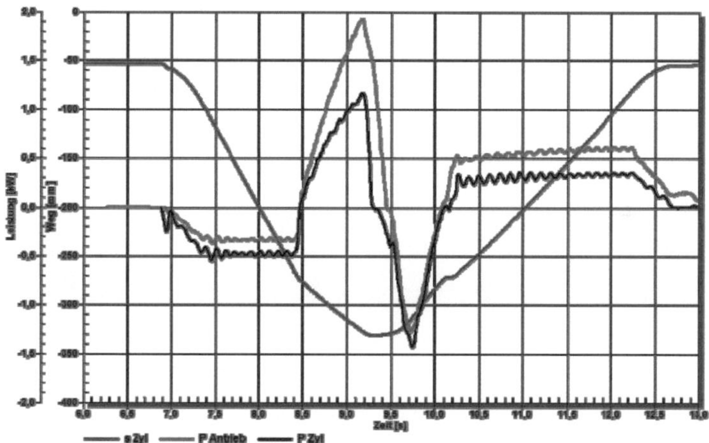

Abb. 13: Gemessene Leistung am IHA-Versuchsaufbau

7 Sekundärregelung

Alternativ zum elektrischen Synchronmotor kann auch die hydraulische Sekundärregelung verwendet werden, da es sich hier ebenfalls um drehzahlgeregelte 4Q-Antriebe mit Drehmomentbegrenzung handelt. Dazu wurden am sekundärgeregelten Prüfstand der IHA ebenfalls erfolgreiche Versuche durchgeführt. Ein sekundärgeregeltes Hydrauliksystem hat vergleichbare Eigenschaften wie ein elektrisches System mit Frequenzumrichter, Zwischenkreis und Servomotor. Wegen der höheren Leistungsdichte hydraulischer Antriebe sich diese wesentlich kompakter und leichter. Die verwendeten Materialien sind günstiger im Vergleich zu denen der Servomotoren. Der Wirkungsgrad im Teillastbereich ist geringer wegen der fast konstanten Verlustleistung über den gesamten Schwenkwinkel. Wie bei allen Axialkolbenmaschinen sind geringe Drehzahlen kritisch, dies hat sich jedoch bei den Versuchen an der IHA nicht als ein Problem herausgestellt. Mit der Sekundärregelung kann die Speicherung der Energie in Hydrospeichern erfolgen. Das hier vorgestellte System ist dann als Differentialtrafo zu bezeichnen.

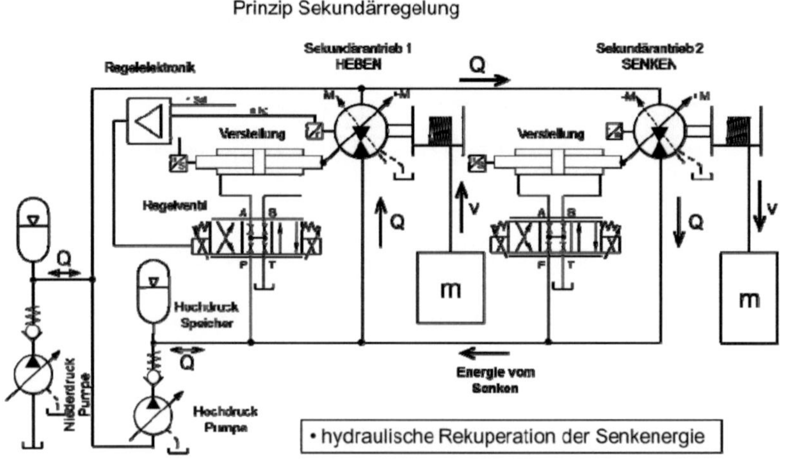

Abb. 14: Prinzip Sekundärregelung

8 Ergebnis und Ausblick

Bisher wurden nur Versuche an einem Demonstrator mit 350 kg dynamischer Masse hängend an einem Differentialzylinder und einem Wechsel der Lastrichtung bis 20 kN positiver Last durchgeführt. Versuche an realen Maschinen sind noch nicht erfolgt. Somit befindet sich das System noch im Versuchsstadium. Die bisherigen Untersuchungen der IHA zeigen eine zukünftige Möglichkeit der Elektrifizierung von Arbeitsausrüstungen mit Differentialzylindern auf. Bei den Versuchen konnten einige Probleme gelöst und wertvolle Erfahrungen gesammelt werden. Die Hydraulik ist dabei relativ einfach. Einstellarbeiten beim Anwender sind nicht erforderlich. Die gesamte Steuerungskompetenz liegt in der Steuerung und Regelung des Frequenzumrichters, spezielle Hydraulikkenntnisse sind nicht erforderlich. Die Verluste sind minimal, da keine Drosselverluste an Steuerkanten entstehen. Ob dieses System in der Praxis eingesetzt werden wird, ist vom Einsatz elektrischer oder sekundärgeregelter Antriebstechnik in mobilen Arbeitsmaschinen abhängig. Die Untersuchungen der IHA lassen jedenfalls erkennen, dass die Forderungen nach einem energieeffizienten, gut steuerbaren, robusten und anwenderfreundlichen System für die Arbeitsausrüstung erfüllt werden können. Zudem ist die Rekuperation von Senk- und Entlastungsenergie systembedingt auf einfache Art und Weise gegeben.

Literaturverzeichnis

[1]   Zitat aus Vorwort Prof. Kunze www.baumaschine.de. 10/2011

[2]   Fluid 03/2012 Seite 8

[3]   Le Tourneau Earthmovers, Eric Orlemann 2001 MBI Publishing Company

[4]   Entwicklungsbüro für Fluidtechnik Dr. Berbeur

[5]   Eckerle Industrie Elektronik, Malsch

Zukunftsweisende Fahrwerkssysteme in der Landtechnik

Fahrdynamische Potentiale der elektrohydraulischen Lenkung und der hydro-pneumatischen Federung bei Landmaschinen

Dr.-Ing. Richard Käsler, Dr.-Ing. Jacek Zatrieb

WEBER-HYDRAULIK GmbH, 74363 Güglingen, Deutschland

1   Einleitung

Höhere Ansprüche an die Fahrsicherheit und Fahrkomfort von Fahrzeugen aller Art erfordern vom Maschinenhersteller und Entwicklungspartner sich auf diese Anforderungen durch eine neue Form der partnerschaftlichen Zusammenarbeit einzustellen. Als Entwicklungspartner bringt die WEBER-HYDRAULIK GmbH seine gesamte Systemkompetenz bei der Realisierung von hydro-pneumatischen Lenkungs- und Federungssystemen in die Partnerschaft ein.

Vor kurzem wurde eine neue Generation der selbstfahrenden Feldspritzen präsentiert, bei der ein neuartiges Federungs- und Lenksystem von WEBER-HYDRAULIK GmbH in enger Zusammenarbeit mit dem Maschinenhersteller entwickelt und eingesetzt wurde. Einige der Besonderheiten der Lösung waren:

- Einzelradaufhängung und Federung
- Anpassung der Arbeitshöhe, Niveauregulierung und Neigungsanpassung am Hang
- Adaptive Dämpfung für höchste Komfortansprüche

- Elektrohydraulische Lenkung mit Kurven- und Bremsstabilisierung

In dem vorliegenden Beitrag wird ein besonderes Augenmerk der Wechselwirkung der Fahrwerkssysteme gewidmet und die erheblichen Potentiale bei der gezielten Abstimmung der Systeme aufgezeigt. Darüber hinaus werden die bei Landmaschinen aktuell diskutierten Steuerungskonzepte für die Lenkung vorgestellt und bewertet. Grundsätzlich kommt dem zugehörigen Controller, der alle Steuerungs- und Regelfunktionen bedient und über den CAN-Bus mit dem Hauptrechner des Fahrzeuges kommuniziert, die Schlüsselfunktion bei der Systemarchitektur und der Ausschöpfung der Potentiale zu.

2 Systemaufbau und Funktion der hydropneumatischen Federung

Um den Anforderungen an die möglichst große Bodenfreiheit bei den Feldarbeiten und gleichzeitig an eine bequeme Transporthöhe der Maschinen gerecht zu werden, werden an mobilen Arbeitsmaschinen vermehrt die Räder einzeln aufgehängt, hydropneumatisch gefedert und mit einer Höhenverstellung versehen wie z.B. bei der Feldspritze gemäß (Abbildung 1).

Pro Achse werden hierfür folgende Komponenten benötigt: Niveauregulierungsschaltung, Betriebsartumschaltventil und zwei doppeltwirkende Federungszylinder, die jeweils mit einem Drosselventil und zwei hydropneumatischen Speichern konstruktiv zu einer Einheit zusammengefasst wurden. Die Anforderung an die Verstellbarkeit der Fahrzeughöhe führt zum Einsatz der Federungszylinder mit verhältnismäßig großem Hub.

Abb. 1: Mobile Arbeitsmaschine mit hydropneumatischen Lenkungs- und Federungssystem

Über die Niveauregulierungsschaltung wird die Federung mit der Druckversorgung zum Heben oder mit dem Tank zum Senken verbunden, sobald eine Abweichung des Langzeitwertes der Solllage vorliegt.

Mit dem Betriebsartumschaltventil, das als ein 4/2 Wegeventil ausgeführt wurde, kann zwischen der Einzelradfederung (für die höchsten Komfortansprüche) und dem Wankstabilisiermodus (für höhere fahrdynamische Eigenschaften) umgeschaltet werden (Abbildung 2).

Im ersten Modus werden die Kolbenräume der Federungszylinder mit den Ringräumen der jeweiligen Zylinder verbunden, im zweiten Modus mit denen der komplementären Zylinder der Achse. In beiden Modi verhalten sich die Zylinder – obwohl als doppeltwirkend ausgeführt – als nicht vorgespannte Plungerzylinder.

Die Übertragung der bekannten theoretischen Abhandlungen der Schwingungslehre auf die hydropneumatische Federung der Fahrzeuge ist dabei ein entscheidendes Erfolgskriterium. Bedingt durch die abwechselnden Einsatzbedingungen und hohen Anforderungen an die Fahrzeugstabilität musste der Auswahl der Dämpfungsart und Strategie große Aufmerksamkeit gewidmet werden.

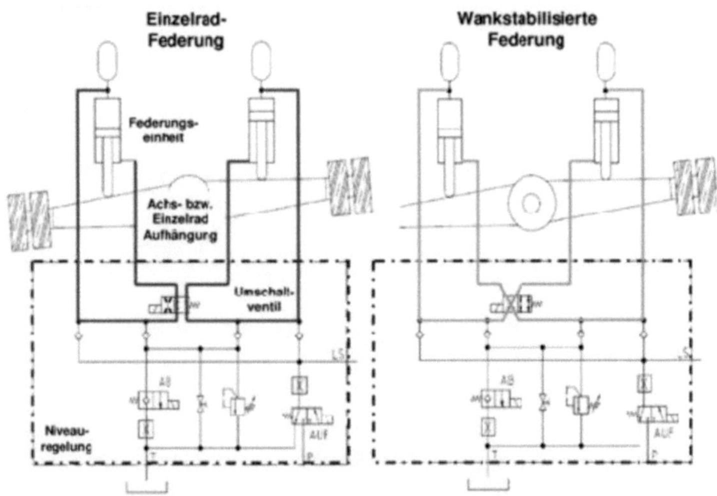

Abb. 2: Funktionsmodi des Betriebsartschaltventils bei der Federung

Bei der passiven Federung erzeugt der Schwingungsdämpfer die Kräfte entgegen der Richtung der Relativgeschwindigkeit. Bei der aktiven Schwingungsdämpfung, die zweifelsohne bessere Ergebnisse liefert, jedoch viel mehr Energie benötigt, erzeugt der Aktuator eine Dämpfungskraft, die in beliebige Richtung wirken kann. In einem adaptiven System wird die Dämpfung auf Basis der Auswertung der Schwingungsparameter den Erfordernissen angepasst. Hierzu wurde an Hand der theoretischen Überlegungen und Versuche eine eigene, extrem zuverlässige und leicht umsetzbare Dämpfungsstrategie definiert, die die besten Komfortwerte und die höchste Fahrstabilität gewährleistet. Dabei werden ausschließlich die Signale des Niveausensors überwacht und verarbeitet. Unterhalb bestimmter Schwellwerte wird die Dämpfung an den Steuerkanten der Dämpfungsventile auf ein Minimum reduziert, bei einzelnen Stößen, falls die Schwellwerte überschritten werden, wird die Dämpfung wieder erhöht.

3 Elektrohydraulische Lenkung

Für die Steuerung des Lenkzylinders sind zunächst zwei Steuerungskonzepte (Abbildung 3,4) denkbar, die jeweils mit aufgeprägtem Volumenstrom gespeist werden, der bei der Ventilsteuerung konstant bleibt und bei der Verdrängersteuerung an den Bedarf angepasst wird.

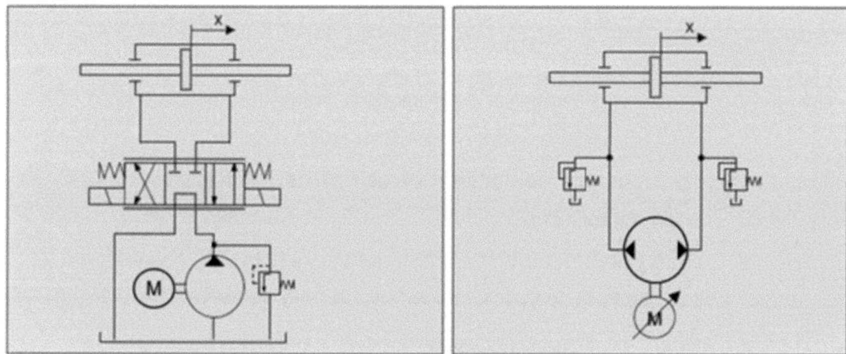

Abb. 3: Ventilsteuerung (l.) und Verdrängersteuerung (r.) bei aufgeprägtem Volumenstrom

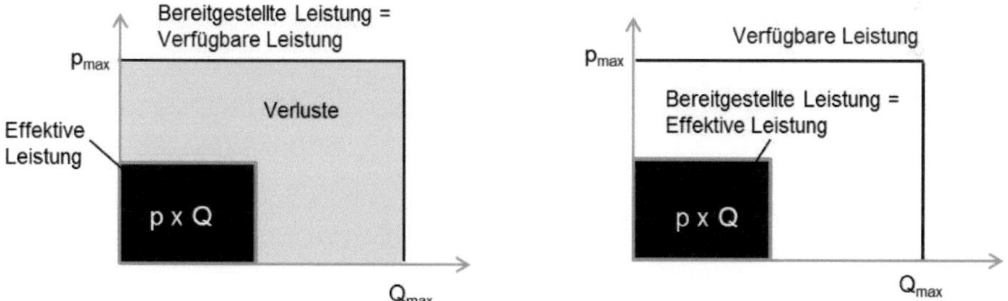

Abb. 4: Leistungsbetrachtung der beiden Steuerungsarten

Die Ventilsteuerung, auch Widerstandssteuerung genannt, besteht im Wesentlichen aus einer Pumpe mit definierter Drehrichtung, einem Druckbegrenzungsventil und einem Proportionalventil zur Steuerung des Volumenstromes. Bei der Verdrängersteuerung erfolgt die Einstellung des Volumenstromes über einen drehzahlregelbaren Elektromotor, der eine Konstantpumpe mit zwei Förderrichtungen antreibt. Dadurch kommt die Verdrängersteuerung, bis auf zwei Druckbegrenzungsventile, ohne weitere Steuerventile aus.

In der folgenden Auflistung sind die wesentlichen Eigenschaften der beiden Steuerungsarten aufgezeigt:

<u>Ventilsteuerung</u>:

- Konstanter Pumpenvolumenstrom, der Systemdruck wird durch das Druckbegrenzungsventil festgelegt
- Regelung des Volumenstromes über die Schieberstellung des Proportionalventils
- Hoher Energieaufwand durch die permanente Bereitstellung eines konstanten Volumenstromes und die Verluste in den Ventilen.
- Gute Dynamik und schnelles Ansprechverhalten werden im Wesentlichen durch die Proportionalventile beeinflusst.

<u>Verdrängersteuerung</u>:

- Der Systemdruck ist lastabhängig, die Pumpe liefert nur den benötigten Volumenstrom
- Hohe Energieeffizienz, die effektive Leistung entspricht der bereitgestellten Leistung
- Die Dynamik wird durch den Elektromotor bestimmt
- Kompakter Aufbau und kostengünstig aufgrund des einfachen Aufbaus

Geschichtlich begründet werden selbstfahrenden Maschinen bevorzugt mit einer Ventilsteuerung im Lenkungsbereich realisiert. Aufgrund aktueller Entwicklungen von allem bei bürstenlosen Gleichstrommotoren wird derzeit jedoch vermehrt die Verdrängersteuerung diskutiert und in ausgewählten Projekten bereits eingesetzt.

4 Regelungstechnische Aspekte der elektro-hydraulischen Lenkung

Das Lenksystem eines Fahrzeuges umfasst die Lenkung der Vorderachse und die elektro-hydraulische Lenkung der Hinterachse. Dank der Hinterachslenkung kann einerseits der Wendekreis reduziert werden, andererseits leistet die Hinterachslenkung einen beachtlichen Beitrag zur Bodenschonung und zur Verbesserung der Fahrdynamik.

Aus dem Blickwinkel der Regelungstechnik bildet die Lenkung ein Regelsystem mit dem Lenkwinkel der Vorderachse als Stellgröße und dem Lenkwinkel der Hinterachse als Ausgangsgröße. Beide Größen werden mittels Drehwinkelsensoren erfasst und an den Controller übermittelt, der - entsprechend der Regelstrategie – den Schieber des Proportionalventils oder den Elektromotor ansteuert. Damit bildet die Schieberstellung im Ventil oder der Drehwinkel des Elektromotors die Regelgröße. Hinsichtlich der Querdynamik steht der Fahrer in ständiger Wechselwirkung mit dem System und ist deshalb als übergeordneter Regler aufzufassen. Um dem Fahrer die Regelaufgabe zu erleichtern, ist in die Regleralgorithmen das Konzept eines Zustandreglers mit der Störgrößenaufschaltung empfehlenswert und standardmäßig implementiert.

Bei der Ventilsteuerung, hat der Steuercontroller für die Ausführung der Lenkfunktion eins der Proportionalventile anzusteuern. Die Verstellgeschwindigkeit und der Lenkwinkel werden dabei, nach Lenkvorgabe und Aufbereitung durch den Regler im Controller, durch ein PWM – Signal an das Ventil weitergegeben. Für die Einstellung des Lenkwinkels im System, ist für den Regler das Streckenverhalten von entscheidender Bedeutung. Natürlich ist der mechanische Anteil am Streckenverhalten dominant und muss entsprechend berücksichtigt werden.

Insbesondere die Proportionalventile erfordern bei dieser Steuerungsart durch ihr Verhalten, das sich in Nichtlinearitäten äußert, einen erhöhten Entwicklungsaufwand. Die anwendungsspezifischen Anforderungen können in der Regel nur durch gezielt entwickelte Proportionalwegeventile (Abbildung 5) und die entsprechenden Regelungskonzepte erfüllt werden.

Dabei ist zu beachten, dass zwischen dem Öffnungs- und dem Schließverhalten bei den Ventilen eine deutliche Differenz besteht. Ferner ist der Zusammenhang zwischen Spulenstrom und Durchflussmenge nichtlinear. Darüber hinaus haben Proportionalventile, welche mit üblicherweise positiver Überdeckung (geschlossene Mitte) ausgeführt werden, in der Regel eine deutliche Ansprechschwelle. Eine Bestromung des Ventils ruft erst ab einem Schwellwert eine Veränderung des Durchflusses hervor. Je höher der genannte Schwellwert des Ventils ist, desto kleiner ist die Regelreserve des Regelsystems. Der Regler muss also beim Hochlauf ein anderes Verhalten zeigen als beim Rücklauf. Einfache PID-Regler sind mit dieser Anforderung in der Regel überfordert.

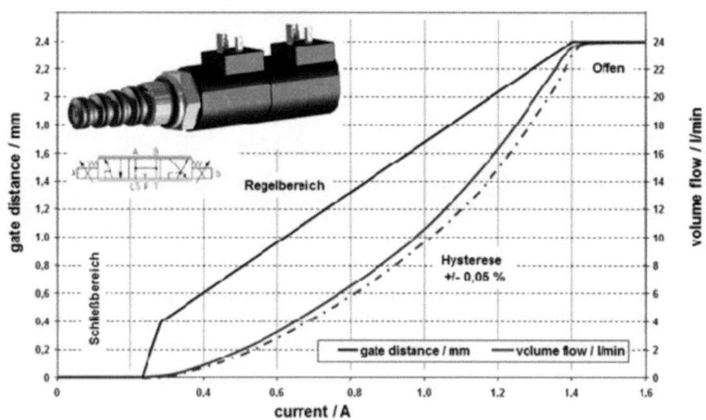

Abb. 5: Anforderung an Proportionalwegeventile für Lenksysteme

Bei der Verdrängersteuerung hat der Steuercontroller für die Ausführung der Lenkfunktion einen Elektromotor anzusteuern. Hier kommen aufgrund der aktuellen Entwicklungen primär bürstenlose Gleichstrommotoren (BLDC) zum Einsatz, bei denen der Kommutator durch eine elektronische Schaltung ersetzt ist. Vom mechanischen Aufbau des Motors sind bürstenlose Gleichstrommotoren identisch mit Synchronmotoren, weisen jedoch in Kombination mit der elektronischen Ansteuerschaltung weitergehende Steuermöglichkeiten und Vorteile auf. Aktuell überzeugen Bürstenlose DC-Motoren durch einen hohen Wirkungsgrad, gute Dynamik und hohe Leistungsdichte und rechtfertigen zunehmend ihren Einsatz in Lenksystemen.

Aufgrund der Energieeffizienz und des kompakten, einfachen Aufbaus eignet sich die Verdrängersteuerung für den Einsatz in der Mobilhydraulik und wird deshalb vermehrt bei den elektrohydraulischen Lenksystemen eingesetzt.

5 Anordnung und Kopplung der Lenkzylinder

Bei den Fahrzeugen mit einer festen Spurweite werden die Räder einer Achse über eine Spurstange miteinander gekoppelt und die Lenkfunktion durch einen oder zwei Lenkzylinder die über Kreuz geschalten sind, realisiert. Eine hohe Bodenfreiheit als auch eine Spurweitenverstellbarkeit schließt den Einsatz der klassischen Spurstange aus, folglich müssen die Räder der Achse über die in Reihe geschalteten Lenkzylinder gekoppelt werden (Abbildung 6). Hierbei sind die Anforderungen hinsichtlich der Funktionssicherheit und der Steifigkeit zu beachten.

Die Steifigkeit der Kopplung wird mit Hilfe einer Schaltung mit auf jedem Lenkzylinder aufgeflanschten Senkbremsventilen erreicht. Dabei wird die Gesamtsteifigkeit maßgebend durch die Steifigkeit der Schlauchleitung, die die beiden Zylinder miteinander verbindet, beeinflusst. Im Falle des Leitungsbruches behalten die Lenkzylinder ihre Stellung bei, solange der aus den externen Kräften resultierende Druck unterhalb der Einstellung der Senkbremsventile liegt. Im Grenzfall sprechen die Senkbremsventile an, wobei dank Verwendung eines atmosphärisch entlasteten Ventils der

Ansprechdruck unabhängig vom abgangsseitig herrschenden Druck konstant gehalten werden kann. Sobald an den integrierten Nachsaugeventilen eine ausreichende Druckdifferenz anliegt, wird der Ölverlust ausgeglichen.

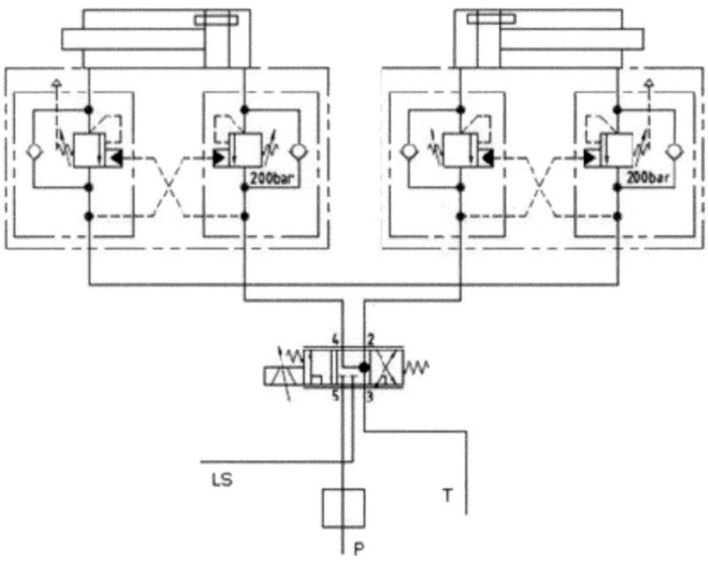

Abb. 6 Anordnung und Kopplung der Lenkzylinder

Eine wichtige Rolle bei der Systeminbetriebnahme und beim Ausgleich der eventuellen Leckölverluste spielt die Ausgleichsschaltung, die in jedem Zylinderkolben integriert ist. Die Schaltung besteht aus zwei gegenseitig angeordneten, sitzgedichteten und mit einer Feder vorgespannten Sperrventilen. Am Hubende wird eines der Ventile über die Druckdifferenz, das zweite über seinen gegenüber der Anschlagfläche geringfügig herausstehenden Stößel mechanisch geöffnet, wodurch der Öldurchfluss zwecks Befüllung, Entlüftung und Lageausgleich stattfinden kann.

6 Steuerungscontroller

Für diese vorgestellten, zukunftsweisenden Fahrwerkssysteme ist ein eigens entwickelter Steuerungscontroller gemäß Abbildung 7 unerlässlich.

Abb. 7: Steuerungscontroller für das Fahrwerk

Dieser eignet sich dank seiner robusten und kompakten Bauform der Schutzklasse IP 67 insbesondere für den Einsatz in modernen, mobilen Arbeitsmaschinen, auch unter äußerst harten Bedingungen. Die Steuerung ist sowohl gegen Überspannung als auch Verpolung der Spannungsversorgung geschützt und verfügt über eine integrierte Kabelbrucherkennung. Das Sicherheitskonzept überwacht somit alle internen und externen Funktionen und schaltet im Fehlerfall sicher ab. Implementierte Prüfroutinen überwachen die Hard- und Software.

Standardmäßig sind folgende Ein- und Ausgänge realisiert: proportional können direkt 12 PWM-Ausgänge angesprochen werden, für die serielle Kommunikation stehen neben bis zu zwei unabhängigen CAN- auch eine RS-232-Schnittstelle zur Verfügung. Neben den Spannungs- und Stromeingängen z.B. zum Anschluss von Höhen- oder Lenkwinkelsensoren, sind auch digitale Ein- und Ausgänge verfügbar. Die Parametrierung erfolgt über eine

CAN-Schnittstelle mittels der menügesteuerten, anwenderfreundlichen Para-metrier- und Diagnosesoftware aus der Eigenentwicklung.

Flexibel und in kurzer Zeit kann die Steuerungs- und Regelungssoftware auf kundenspezifische Bedürfnisse angepasst werden. Mit ihr werden zuverlässige Niveauregulierungen und Lenkungsregelungen garantiert, bis hin zu GPS-unterstützten Selbstfahrmaschinen.

7 Zusammenfassung

Das vorgestellte Federungs- und Lenkungssystem stellt das derzeit komfortabelste und modernste Fahrwerkssystem dar. Die adaptive Dämpfung minimiert Schwingungen und Stöße in der Fahrzeugaufhängung und gewährt somit ein Höchstmaß an Komfort und Fahrsicherheit auch bei hohen Fahrgeschwindigkeiten. Die Traktion ist unter allen Betriebsbedingungen gewährleistet und trägt zur Sicherheit und erhöhter Leistung bei. Das Gesamtsystem verlängert die Einsatzzeiten der Maschine, verbessert das Ergebnis und trägt zum Schutz des Fahrers bei. Optional können noch weitere Funktionen implementiert werden, z. B. Nick- oder dynamische Wankstabilisierung, wodurch bei Bremsmanövern oder bei Kurvenfahrt die unerwünschten Effekte komplett unterdrückt werden.

Bei der Entwicklung der Lenksysteme standen - neben einem optimierten Lenkgefühl - die Funktionalität der aktiven Lenkung und einige fahrdyn-amische Aspekte im Fokus. Die beobachter-basierte Zustandsregelung mit integriertem Störgrößenbeobachter gewährleistet enorme Möglichkeiten unter Komfort-, Sicherheits- und Fahrerassistenzgesichtspunkten und sichert ein optimales Fahrverhalten.

Im eben beschriebenen Regelsystem können diverse Stabilitätsaspekte berücksichtigt werden: so kann beispielsweise durch einen gezielten Dämpfungs- und Bremseingriff auf einzelne Räder bei kritischen Fahrsituationen die Fahrzeugstabilität auch im Grenzbereich aufrechterhalten werden.

Moderne Steuerungstechnik für einen Traubenvollernter

Integratives Antriebssystem mit Sicherheitsanspruch

Dipl.-Ing. Erik Lautner

HYDAC International GmbH, 14467 Potsdam, Deutschland

Michael Erbach

ERO Gerätebau GmbH, 55469 Niederkumbd, Deutschland

Kurzfassung

Der Beitrag stellt zu Beginn die Maschinenfunktionalität der neuen Modellreihe „Grapeliner Serie 6000", eines selbstfahrenden Traubenvollernters der Firma ERO-Gerätebau GmbH, vor. Bei dieser Neuentwicklung wurde die Firma HYDAC als Systempartner gewählt. Es wird im Weiteren das von der HYDAC neu gestaltete integrative elektro-hydraulische Antriebssystem für die Arbeitshydraulik vorgestellt. Das Hauptaugenmerk des Beitrages liegt jedoch auf der Darstellung der Entwicklung des elektronischen Steuerungssystems der Gesamtmaschine. Diese Entwicklung wurde unter besonderer Berücksichtigung, der aus der neuen Maschinenrichtlinie 2006/42/EG resultierenden, verschärften Sicherheitsanforderungen durchgeführt.

Stichworte

Traubenvollernter, Steuerungssystem, Maschinenrichtlinie 2006/42/EG, ISO EN 13849, SIL2, Performance Level "d", sicherheitszertifizierte Drucksensoren, zertifizierte mobile Steuergeräte, Hydraulikfilter

1 Einleitung

Die ERO-Gerätebau GmbH ist Deutschlands einziger Hersteller von selbstfahrenden Traubenvollerntern. Bei der Entwicklung der neuen Modellreihe, dem ERO-Grapeliner Serie 6000, wählte die Firma ERO-Gerätebau GmbH die Firma HYDAC als Systempartner für die Entwicklung der komplexen Maschinensteuerung. Bei der neuen Modellreihe wurden eine Reihe innovativer Maschinenfunktionen umgesetzt und bezüglich der Maschinenkenndaten weist die Serie 6000 einige Alleinstellungsmerkmale gegenüber dem Wettbewerb auf.

Im Rahmen des Entwicklungsprozesses wurde besonderes Augenmerk auf die Berücksichtigung der, aus der neuen Maschinenrichtlinie 2006/42/EG resultierenden, gestiegenen Sicherheitsanforderungen gelegt.

Die elektro-hydraulische Steuerungsarchitektur wurde gemeinsam mit der Firma HYDAC im Rahmen des Projekts komplett überarbeitet. Die Montage- und Inbetriebnahmezeiten konnten reduziert werden und die neue hydraulische Struktur bildet eine Voraussetzung für die Umsetzung der Sicherheitsanforderungen. Die HYDAC übernahm, auf ihrer hauseigenen sicherheitszertifizierten Steuergerätehardware, sowohl die gesamte Programmierung der Maschinenfunktionalität als auch die Umsetzung der Visualisierungslösung auf dem 10.4″ Display mit Touchfunktionalität. Für die einfache, systemübergreifende Servicierung der Maschine wurde zudem ein Service & Diagnose Tool bereitgestellt, das allen Anforderungen an moderne Funktionalitäten in diesem Bereich gerecht wird.

Im Beitrag werden die Funktionsweise der Maschine und insbesondere das von HYDAC entwickelte elektrohydraulische Antriebssystem sowie die Umsetzung des elektronischen Steuerungskonzeptes inklusive der Sicherheitsanforderungen dargestellt.

2 Der Traubenvollernter Serie 6000

Der selbstfahrende Traubenvollernter "Grapeliner Serie 6000" erntet die Trauben durch Schütteln der Zeile (Schüttelwerk siehe Abbildung 1) und trennt mittels drei hintereinander geschalteter Gebläse die Blätter vom Erntegut. Die als Option erhältliche und je nach Bedarf zu- bzw. abschaltbare Abbeermaschine trennt darüber hinaus die Beeren vom Stielgerüst. Ein Förderband bringt die Trauben in den Erntebehälter, der je nach Ausstattungsvariante 2.200 l, 2.600 l oder 3.000 l fasst. Die Maschine kann eine Erntegeschwindigkeit von bis zu 6,5 km/h realisieren. Die automatische Lenkung wird über eine Kombination von Winkel- und Ultraschallsensoren geführt. Sie lenkt den Grapeliner sicher durch den Weinberg und führt den Erntekopf stets optimal über die Rebzeile hinweg. Abbildung 2 stellt Erntekopf mit Gebläse und Förderband anschaulich dar.

Aufgrund des Gesamtmaschinenkonzepts mit einer optimalen Gewichtsverteilung (45 % Vorderachse, 55 % Hinterachse) sowie des innovativen Antriebskonzeptes können Steigungen bis 40 % bewältigt werden. Der maximale Seitenhangausgleich liegt bei 75 cm (36 %).

Die gesamte Arbeitshydraulik, wie Schüttelwerk, Gebläse, Förderband, Traubentankentleerung, automatische Lenkung und die Abbeermaschine, wird über das Steuerungssystem der Firma HYDAC kontrolliert. Hier ist ein hohes Maß an Präzision gefordert, weil z. B. die Schwankung des Schüttelwerks auch unter wechselnden Lastbedingungen maximal 0,5 % betragen darf.

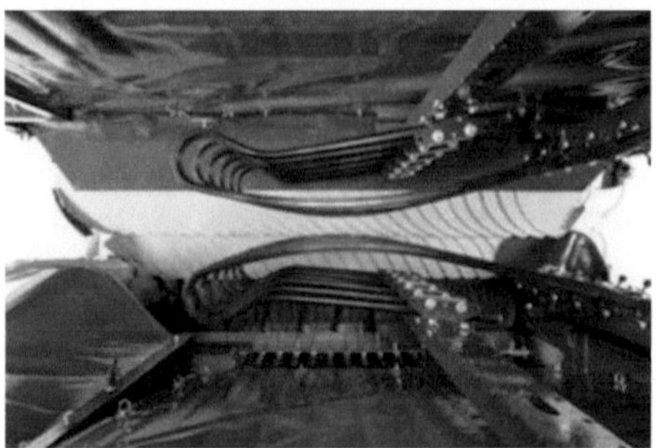

Abb. 1: Schüttelwerk

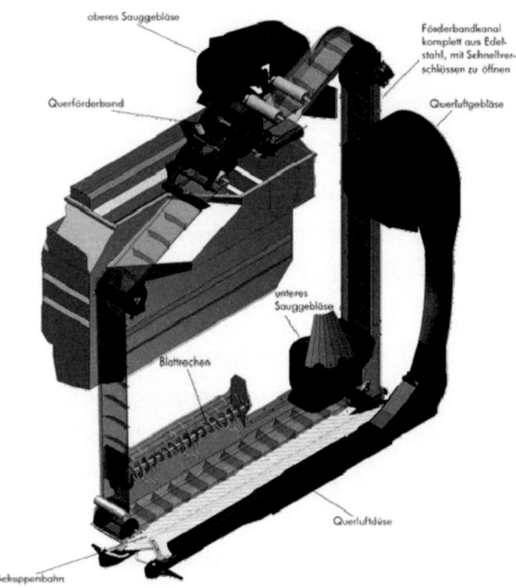

Abb. 2: Erntekopf mit Gebläsen und Förderband

Am intuitiv bedienbaren 10,4" Flachbildschirm in der Fahrerkabine können alle Funktionen überwacht und gegebenenfalls Anpassungen vorgenommen werden (s. Abbildung 3). So können der Durchgang zwischen den Schüttelstäben und die Schüttelfrequenz vom Fahrer während des Ernteeinsatzes bequem per Touchscreen angepasst werden.

Die Drehzahlen aller Ernteaggregate werden permanent überwacht. Optische und akustische Signale zeigen dem Fahrer Störungen an. Haupt- und Querförderband sind mit einer Stillstandsüberwachung ausgerüstet. Über eine Anzeige am Bildschirm erhält der Fahrer Meldung und kann auf Störungen, die z. B. durch Fremdkörper verursacht sein können, unmittelbar reagieren.

Neben den Ernteparametern werden auch die Daten der Steuergeräte des DEUTZ Dieselmotors und des hydrostatischen Fahrantriebs am HYDAC Terminal angezeigt.

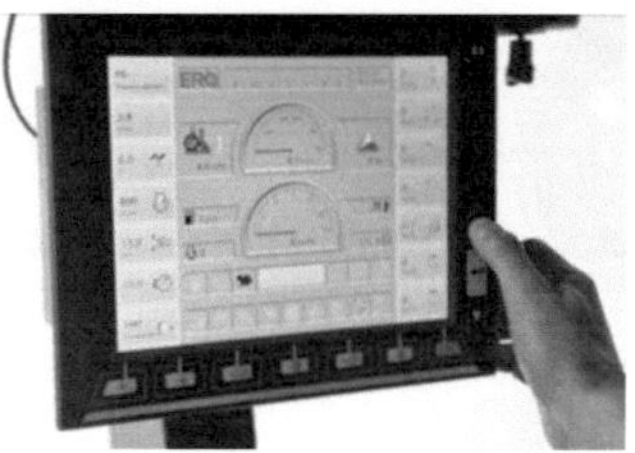

Abb. 3: HYDAC Bedienterminal

3   Neue Funktionen der Serie 6000

Im Vergleich zum Vorgängermodell wurden bei der Serie 6000 zahlreiche Details verbessert. Hierbei wurde insbesondere auf Komfort und Bedienerfreundlichkeit geachtet. Mit mehr als 3 m^3 Raum ist die Kabine die größte am Markt. Das 10,4" große Farbdisplay mit Touchscreen bietet einen optimalen Überblick über die Ernteparameter und erleichtert die Bedienung des Traubenvollernters.

Neu sind auch die Weitenverstellung des Schüttelwerks und die Neigungsverstellung des Entrappers. Der elektronisch geregelte EMR Motor und das automotive Fahren ermöglichen den kraftstoffsparenden Betrieb im optimalen Drehzahlbereich.

Zur Reinigung und Wartung sind alle Maschinenverkleidungen einfach aufzuklappen (s. Abbildung 4).

Abb. 4: Traubenvollernter Serie 6000 mit geöffneten Wartungsklappen

4 Konzeption der Maschinensteuerung

Im Rahmen der Neuentwicklung der Serie 6000 wurde das Steuerungssystem des Traubenvollernstes mit Hinblick auf die Erfüllung, der aus der Maschinenrichtlinie resultierenden gestiegenen Sicherheitsanforderungen, komplett überarbeitet. Die Entwicklung der sicherheitsbezogenen Anteile der Maschinensteuerung wurde basierend auf der EN ISO 13849 durchgeführt. Dieser Standard ermöglicht es, neben den programmierbaren elektronischen Anteilen eines Steuerungssystems auch die elektrischen, mechanischen und hydraulischen Teilsysteme in die Sicherheitsbetrachtungen einer Steuerung mit einzubeziehen. Im Gegensatz zu tranderen Standards, die ausschließlich auf komplexe elektronische programmierbare Steuerungssysteme, fokussiert sind, ist die EN ISO 13849 dadurch prädestiniert für die Anwendung in mobilen Arbeitsmaschinen und auf dem Weg sich zu einer Standardvorgehensweise für die Maschinenhersteller zu entwickeln.

Zu Beginn des Entwicklungsprozesses einer Steuerung gilt es die Sicherheitsfunktionen zu identifizieren. Danach sind die spezifischen Eigenschaften der Sicherheitsfunktionen, wie beispielsweise:

- Reaktionszeiten,
- sicherer Zustand im Fehlerfall,
- sicherheitsbezogene Funktionsparameter (wie zulässige Beschleunigung, Geschwindigkeit, Temperatur, ...)
- Übergangsverhalten bzw. Funktionsabfolge in den sicheren Zustand sowie
- Prioritäten zwischen den einzelnen Sicherheitsfunktionen

zu definieren.

Mittels einer Gefahren & Risikoanalyse (H&R Analyse) sind im Anschluss die erforderlichen Performance-Level (PLr) der einzelnen sicherheitsrelevanten Maschinenfunktionen zu bestimmen. Um eine effiziente und übersichtliche Herangehensweise bei der Analyse der einzelnen Funktionen zu ermöglichen, wurden die Maschinenfunktionen in Gruppen unterteilt:

- Arbeitsfunktionen
- Fahrfunktionen
- Lenkung
- Höhenverstellung

Einige beispielhafte Ergebnisse der Risikoanalyse sind in Tabelle Tab. 1 dargestellt.

Die Risikoanalyse ergab bezüglich der Arbeitsfunktionen der Maschine ein maximal erforderliches Performance Level von PLr"c". Dieses auf Maschinenebene geforderte erhöhte Sicherheitslevel PLr"c" führt zu entsprechend erhöhten Anforderungen bezüglich:

- des Aufbaus von hydraulischem und elektronischem Steuerungssystem,
- die sicherheitstechnischen Eigenschaften der Komponenten sowie

- die Gestaltung des Bedieninterface (HMI)

Sicherheitsfunktion	Performance Level	Reaktions-zeit	Sicherer Zustand
Arbeitsfunktionen (Beispiele)			
Verhinderung unbeabsichtigter Anlauf oberes Sauggebläse	b	500 ms	Abschalten oberes Sauggebläse
Verhinderung unbeabsichtigter Anlauf Förderband	c	500 ms	Abschalten Förderband
Automatische Lenkung (Beispiele)			
Aktivierung automatische Lenkung	c	300 ms	Abschalten der autom. Lenkung
Fehlerfreie Lenkung	c	300 ms	Abschalten der autom. Lenkung
Deaktivierung der Lenkung	c	300 ms	Abschalten der autom. Lenkung

Tab. 1: Beispielhafte Ergebnisse der Risikoanalyse

Die Umsetzung der Sicherheitsanforderungen bei der Entwicklung der Serie 6000 soll im Folgenden vorgestellt werden. Es wird der Aufbau des elektronischen und des hydraulischen Steuerungssystems dargestellt. Im Weiteren werden beispielhaft der Antrieb des oberen Sauggebläses (OSG) sowie einige Gesichtspunkte der automatischen Lenkung näher vorgestellt.

5 Elektronisches Steuerungssystem der Maschine

Im Folgenden sollen die zentralern Gesichtspunkte zur Architektur des elektronischen Steuerungssystems der Maschine vorgestellt werden. Das Systemdesign basiert in der Regel auf drei wesentlichen Grundlagen: den zu realisierenden Sicherheitsanforderungen aus den Ergebnissen der Risikoanalyse (in Verbindung mit den Ergebnissen der System FMEA), den verfügbaren Komponenten und den Zielkosten.

Die komplette Architektur des Systems der elektronischen Maschinensteuerung ist in Abbildung 5 dargestellt. Abbildung 5 zeigt, dass zur Umsetzung der umfangreichen Funktionalitäten der Arbeitshydraulik insgesamt 3 Steuergeräte installiert wurden, die über eine CAN-Bus Verbindung, dem

„Machine Control CAN", untereinander und mit dem 10.4′′-Display verbunden sind. Am 2. CAN Bus Anschluss des Display, dem sog. Power Train CAN, übernimmt jeweils ein weiteres Steuergerät die Steuerung von Dieselmotor bzw. hydrostatischem Fahrantrieb.

Der USB Anschluss ermöglicht einen Upload von Daten sowie eine einfache Möglichkeit für den Software-Download im Feld. Der Software-Download wird dabei nicht nur auf das Display, sondern automatisch auch auf den Steuergeräten C1, C2 und C3 realisiert.

Der LIN Bus stellt eine kostengünstige Version zur Anbindung einfacher Anzeigeinstrumente oder auch Aktuatoren dar.

Die Risikoanalyse hat bezüglich der zu realisierenden Maschinenfunktionen ein maximales Performance Level von PLr"c" ergeben (s. Abschnitt 3). Die abgeleiteten Sicherheitsfunktionen machten in einigen Gesichtspunkten ein Re-Design des Bedieninterfaces (HMI) für den Anwender erforderlich. Neben den sicherheitsbedingten Änderungen im Bedieninterface wurde, basierend auf der HYDAC-Grafikbibliothek, auch ein neues, zeitgemäßes Design der Bedienoberfläche inklusive Touchscreen-Funktionalität auf der Maschine realisiert (s. Abbildung 3).

Für das Herzstück jeder Steuerung, das elektronische Steuergerät, wurde ein hauseigenes zertifiziertes Steuergerät mit Performance Level PL"d" in Kategorie 2 gewählt. Die Architektur des Steuergerätes bestimmt dabei auch entscheidend die Architektur des Gesamtsystems.

Um eine optimale Funktionalität des Steuerungssystems zu realisieren, mussten die entsprechenden Maschinenfunktionalitäten auf jeweils eines der drei installierten Steuergeräte verteilt werden. Eine Optimierung der Buskommunikation war dabei neben den Sicherheitsanforderungen ein entscheidendes Kriterium.

Das HYDAC PC Service & Diagnose Tool (s. Abbildung 5) ermöglicht die Servicierung der gesamten Maschine, über Herstellergrenzen hinweg. Neben dem Zugriff auf das Display und die Arbeitsfunktionen der Maschine (Steuergeräte C1, C2 & C3), ermöglicht das Tool auch den Zugriff auf Fehler- und Softwareinformationen von Fahrantrieb und Dieselmotor. Hierzu waren entsprechende Schnittstellenadaptionen durch die HYDAC erforderlich, die eine Einbindung der einzelnen separaten Steuergeräte in das Gesamtkonzept ermöglicht haben.

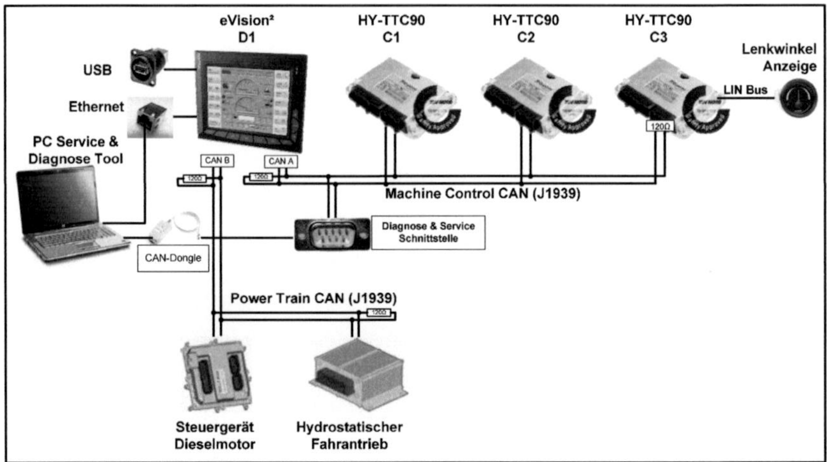

Abb. 5: Architektur Maschinenkommunikation

Ein großer Umfang des Service & Diagnose Tools wurde aufgrund der einfacheren Servicierbarkeit im Feld auch direkt in das Display integriert. Neben dem Zugriff auf die unterschiedlichsten Fehlerinformationen, der Konfiguration der Maschinenausstattung, dem Zugriff auf alle notwendigen Parameter, ermöglicht die Display-Applikation die Diagnose aller Ein- und Ausgänge bis hin zur Simulation der Ausgangszustände für entsprechende Testszenarien. Das Beispiel einer Parametrierungsseite ist in Abbildung 6 dargestellt. Die komplette Funktionalität ist mehrsprachig, wobei die Anzahl der Sprachen einfach über eine Excel-Tabelle, ohne eine erneute Kompilierung der Software, erweitert werden kann.

Hauptmenü / Parameter

Nummer	Wert	Standard	Einheit	Beschreibung
12047	2000	2000	ms	RaWv Einschaltverzögerung
12048	0	0	ms	RaWv Ausschaltverzögerung
12058	0	0	ms	Ra Anlauframpenzeit
12059	0	0	ms	Ra Auslauframpenzeit
42001	2000	2000	0.1 rpm	Ra min. Drehzahl
42002	5400	5400	0.1 rpm	Ra max. Drehzahl
42003	8000	8000	0.1 mA	Ra min. Strom (Y22)
42004	12000	12000	0.1 mA	Ra max. Strom (Y22)
42001	2000	2000	0.1 rpm	Ra min. Drehzahl

2/4

Abb. 6: Service & Diagnose Tool Funktionalität integriert im Display (Beispiel: Parametrierung)

6 Moderne integrative elektro-hydraulische Arbeitshydraulik

Das elektro-hydraulische Antriebssystem der Arbeitshydraulik wurde im Rahmen der Neuentwicklung der Serie 6000 komplett überarbeitet. Das Redesign der Arbeitshydraulik erfolgte unter den Gesichtspunkten:

- Reduktion der Montage- und Inbetriebnahmezeiten (z.B. Kalibrierfunktionen),
- verbesserte Funktionalität (z.B. Regelgenauigkeit für Drehzahl und Lenkung),
- homogenes Sicherheitskonzept,
- Reduktion der Leckagestellen,

- Verbesserung des Filtersystems und des Ansaugverhaltens der Pumpen sowie
- Kostenreduktion.

Im Ergebnis der Umgestaltung steht heute ein modernes integratives elektro-hydraulisches Antriebssystem zur Verfügung. Durch die Nutzung des flexiblen HYDAC „HyFlex" Programms (s. Abbildung 7) einerseits und andererseits von speziell auf den Anwendungsfall zugeschnittenen Ventilblocklösungen konnte eine bedeutende Reduktion des Installationsaufwandes und der Leckagestellen erreicht werden. Es entstand eine Einsparung von ca. 60% der Schläuche. Die Montagezeit konnte so entscheidend verringert werden.

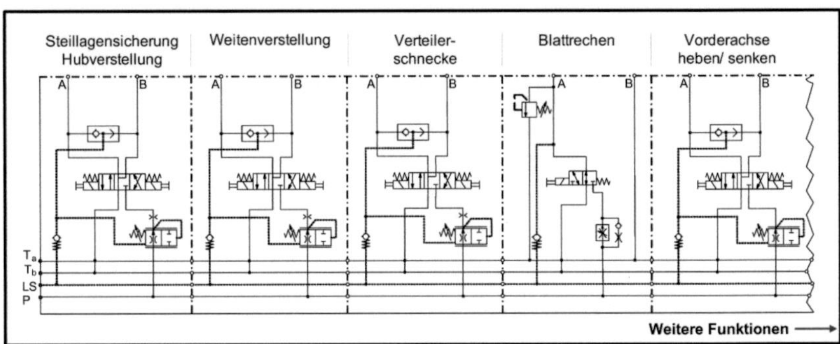

Abb. 7: Zugeschnittene Blocklösung auf der Basis des HyFlex-Systems (Ausschnitt)

Durch eine spezifisch auf den Anwendungsfall zugeschnittene Ventiltechnik konnte eine in ihrer Genauigkeit wesentlich verbesserte, exakte Drehzahlregelung der Lüfterantriebe erreicht werden. An den Drehzahlantrieben sind zudem nun auch keine Kalibriertätigkeiten mehr notwendig.

Die erhöhten Sicherheitsanforderungen wurden unter anderem beim Design des Lenkventilblockes (s. Abbildung 14) oder auch bei der kundenspezifischen Ventillösung speziell für die Steuerung der drehzahlgeregelten Lüfterantriebe berücksichtigt. Hierbei werden zur Erhöhung der Robustheit zwei in Reihe geschaltete Ventile (Proportionaldruckregel- und Schaltventil) eingesetzt (s. Abbildung 9).

Das Filterkonzept, auf der Basis eines kombinierten Rücklauf-Saugfilters (s. Abbildung 8) von HYDAC, wurde in Größe und Funktionalität exakt auf den Anwendungsfall zugeschnitten und kann nun einerseits die Filterfunktionalität voll gewährleisten und andererseits ein problemloses Ansaugverhalten der Verstellpumpen sicherstellen. Hierzu wird der Rücklauf aller Pumpen im Filtergehäuse des Rücklauf-Saugfilters zusammengeführt. So kann sichergestellt werden, dass in der Regel mehr Öl zurückläuft, als durch die Verstellpumpen angesaut werden kann. Ein entsprechendes Vorspannventil im Tankanschluss des Filtergehäuses sorgt dabei für einen ständigen Überdruck im Sauganschluss der Verstellpumpen. Eine Kavitation im Sauganschluss wird wirkungsvoll verhindert.

Bei der Berechnung der Kenngrößen der Sicherheitsfunktionen geht ein exakt funktionierendes Filterkonzept zudem in die Berechnung des Common Cause Fehlers mit einer Punktzahl von 25 ein.

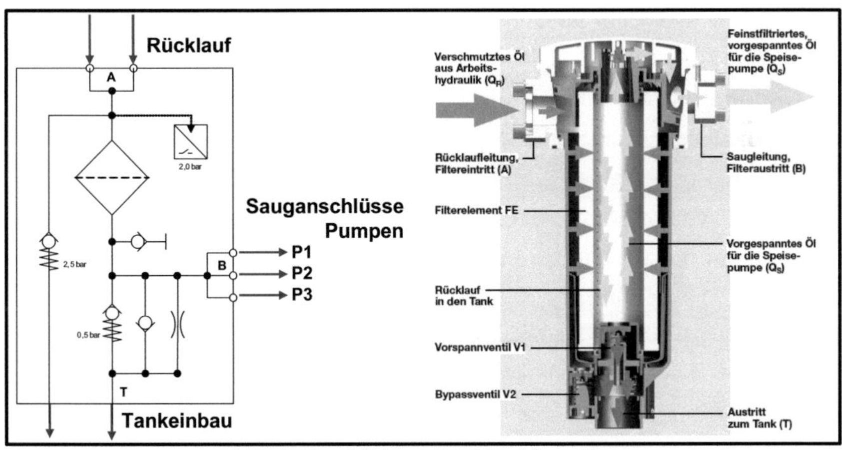

Abb. 8: Kombinierter Rücklauf-Saugfilter

7 Umsetzung einer Sicherheitsfunktion oberes Sauggebläse

Die Bedienung des oberen Sauggebläses wurde bei der Risikoanalyse als sicherheitsrelevante Funktion mit dem erforderlichen Performance Level PLr"b" bewertet. Die ermittelte sicherheitskritische Fehlfunktion des Antriebs lautet dabei „unbeabsichtigter Anlauf". Im Hinblick auf eine kosteneffiziente Systemlösung heißt dies, dass auch nur genau dieser kritische unbeabsichtigte Anlauf durch die angestrebte Architektur des Steuerungssystems (inkl. Software) mit ausreichend hoher Wahrscheinlichkeit verhindert werden muss.

- Für die zu realisierende Sicherheitsfunktion kann nun folgendes notiert werden:
- Sicherheitsfunktion: „Verhinderung des unbeabsichtigten Anlaufes des OSG"
- Performance Level: PLr„b"
- Eigenschaften: Fehlerreaktionszeit 500ms
  maximal zulässige Drehzahl im Fehlerfall 400 min-1 Sicherer Zustand „Abschalten des Antriebs"

Die komplexe installierte Hardware-Architektur des Steuerungssystems ist in Abbildung 9 dargestellt.

Das Hydrauliksystem wird entscheidend durch die beiden in Reihe geschalteten Ventile: Druckregelventil Y24.0 und Freigabeventil Y24.1 geprägt. Beide Ventile sind Teil eines integrierten Steuerblocks, dieser ist eine spezielle HYDAC Lösung. Zur Ansteuerung der Verstellpumpe ist eine entsprechende LS-Wechselventilkette in den Steuerblock integriert.

Für die unerwartete Aktivierung des Antriebs „Oberes Sauggebläse" ist nach der Überarbeitung des Bedienkonzeptes ausschließlich der Taster für die „Aktivierung der Ernteaggregate" von Bedeutung. Der Taster ist in seiner Position in der Kabine in Abbildung 10 dargestellt.

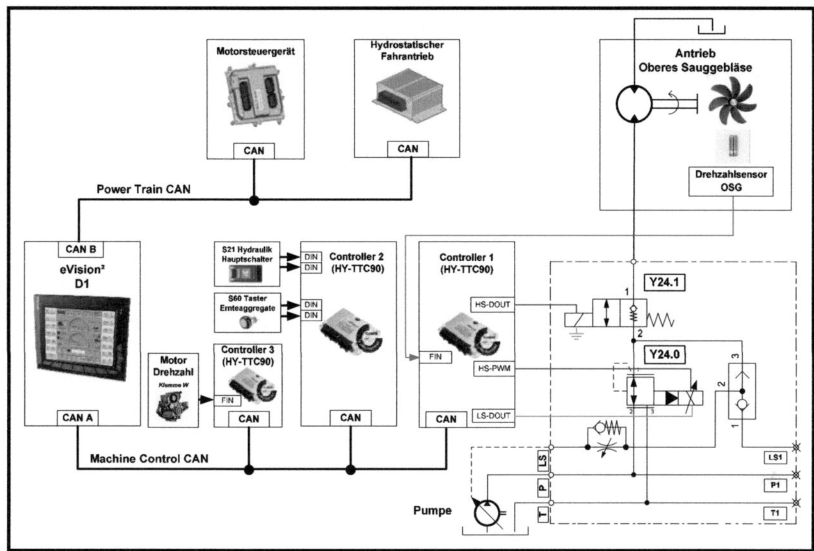

Abb. 9: Aufbau Steuerungssystem für das Obere Sauggebläse

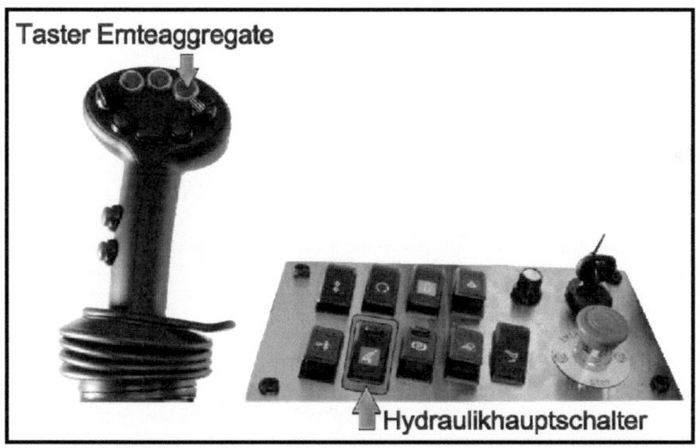

Abb. 10: Bedienelemente zur Funktionsfreigabe

Der Hydraulikhauptschalter (s. ebenfalls Abbildung 10) weist hingegen nur eine Freigabefunktionalität auf. Weitere Informationen mit Freigabecharakter sind: Motordrehzahl, Ganginformation sowie die Displayfreigabe (Fehleranzeige). Die Freigabebedingungen sind in im Funktionsblockdiagramm in Abbildung 11 dargestellt. Entfällt zufällig eine der Freigabebedingungen, so sieht das Steuerungskonzept vor, dass eine erneute Funktionsfreigabe ausschließlich über den Taster „Freigabe Ernteaggregate" erfolgen kann. Die resultierende Freigabegröße „Status Ernteaggregate" wird per CAN an die Hauptfunktion zur Steuerung des OSG übergeben.

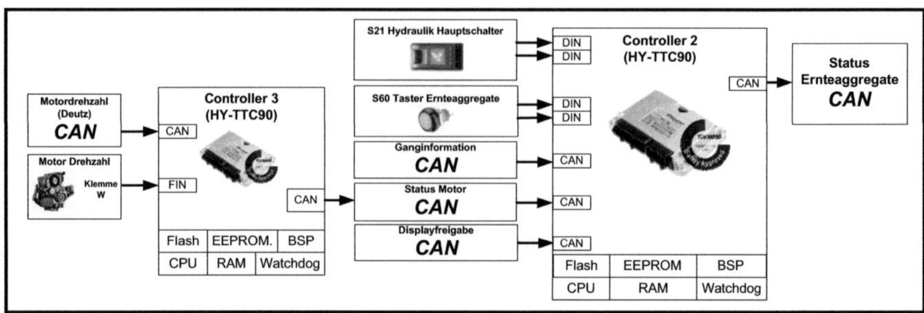

Abb. 11: Spezifisches Blockdiagramm für Status Ernteaggregate

Die auf dem Display per Touch einstellbare Solldrehzahl des Antriebs nimmt eine Sonderstellung unter den Freigabebedingungen ein. So muss zwar zum Zeitpunkt der Aktivierung der Ernteaggregate verschieden von Null sein, jedoch darf der Sollwert später, d.h. auch bei eingeschalteten Ernteaggregaten, auf Null gestellt werden. Ein unerwarteter Anlauf ist in dieser Situation nicht als kritisch anzusehen. Das Funktionsblockdiagramm des OSG ist in Abbildung 12 dargestellt.

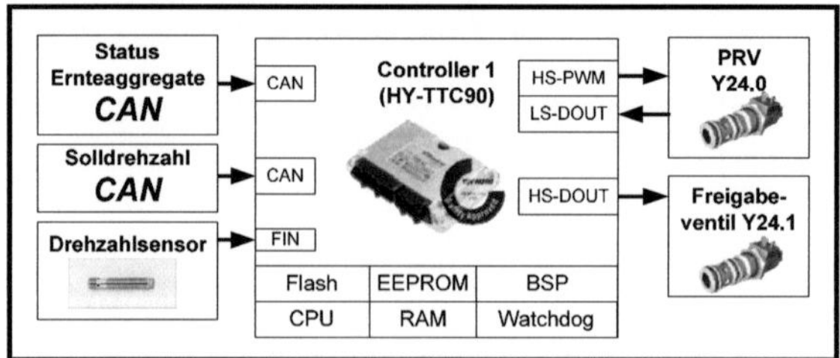

Abb. 12: Blockdiagramm Oberes Sauggebläse

8   Automatische Lenkung

Die automatische Lenkfunktion ist nur ein Beispiel für die Komplexität der funktionalen und regelungstechnischen Anforderungen im Antriebssystem des Traubenvollernters.

Mittels der automatischen Lenkung wird der Grapeliner sensorisch entlang der Rebzeile geführt. Die automatische Lenkung läuft im geschlossenen Positionsregelkreis, basierend auf dem vollredundanten Winkelsensor an der Lenkachse. Zur Kompensation der Hangneigung kann zusätzlich eine manuelle Korrektur des Lenkwinkels vorgegeben werden. Die automatische Erfassung der Position der Rebzeile erfolgt über eine Kombination aus Winkel- und Ultraschallsensoren. Die Winkelsensoren der Lenkstockschalter übernehmen dabei hauptsächlich die Führung entlang der Rebstöcke. Die Ultraschallsensoren realisieren die Feinabstimmung der Lenkung und reagieren auch auf das Laub der Weinstöcke. (Installierte Sensorik siehe Abbildung 13.)

Abb. 13: Sensorik der automatischen Lenkung

Das elektro-hydraulische Zusatzlenksystem (s. Abbildung 14) wurde parallel zum Standardlenksystem installiert.

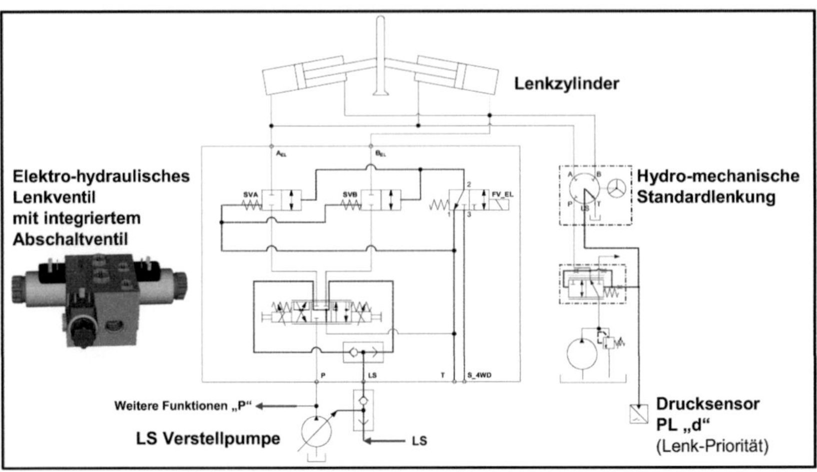

Abb. 14: Elektro-hydraulisches System der automatischen Lenkung

Die in den gerätespezifischen Steuerblock integrierten Abschaltventile sorgen dabei für die sichere Entkopplung des geregelten Zusatzlenksystems vom hydro-mechanischen Standardlenksystem, welches bei der Straßenfahrt ausschließlich aktiviert ist.

Für die Funktionalität das Zusatzlenksystems der automatischen Lenkung wurde ein Performance Level von PLr"c" ermittelt (s. Tab. 1). Um diesen erhöhten Sicherheitsanforderungen gerecht werden zu können, wurde für das zentrale Sensorelement der Automatik zur Erfassung der Position der Lenkachse der vollredundanter Winkelsensor installiert. Die vollredundante Version erfüllt auch alle Anforderungen, die aus der System FMEA erwachsen.

Die Umschaltfunktion vom Automatischen Lenksystem zum Standardlenksystem ist eine weitere Kernfunktionalität des Sicherheitssystems. An den LS-Druck gekoppelt, wird diese Funktion über einen entsprechenden Drucksensor mit Performance-Level PL"d" realisiert. Im Rahmen des Projektes konnte hierbei auf einen zertifizierten Sensor mit Performance-Level PL"d" zurückgegriffen werden. Die kosteneffiziente, einkanalige Drucksensorversion als Kategorie 2 Ausführung ist in Abbildung 15 dargestellt.

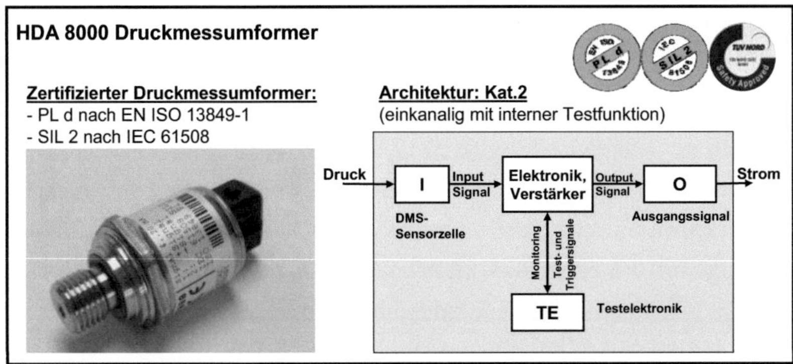

Abb. 15: Zertifizierter Drucksensor mit PL„d" bzw. SIL 2

Die Regelung basiert auf einem kaskadierten Regelkreis mit PID-Reglern. Die Vorderachse läuft im Positionsregelkreis. Ihr sind die Regelkorrekturen von Lenkstockschaltern und Ultraschallsensoren überlagert. Der Einfluss der Lenkstockschalter wurde dabei gegenüber den Ultraschallsensoren priorisiert.

In der Serie 6000 wurde die elektro-hydraulische Lenkfunktion zudem um eine Quick-Steer-Funktion erweitert, welche die elektro-hydraulische Zusatzlenkfunktion um eine Joysticklenkfunktion erweitert. Die Aktivierung und Deaktivierung der Funktion stellte eine besondere Herausforderung bezüglich des Bedieninterfaces dar. Durch die integrierte Funktionalität konnte eine sehr kostengünstige Architektur realisiert werden.

9 Zusammenfassung und Ausblick

Die neue Serie 6000 des Traubenvollernters der Firma ERO überzeugt durch ausgezeichnete Maschineneigenschaften, ein innovatives Steuerungssystem sowie ein überzeugendes neues und mit den Sicherheitsanforderungen nach der Maschinenrichtlinie 2006/42/EG konformes Bedienkonzept.

Für eine erfolgreiche marktrelevante Umsetzung der Anforderungen aus der Maschinenrichtlinie hat sich gezeigt, dass eine Berücksichtigung der Anforderungen von Anbeginn des Entwicklungsprozesses durchaus zu einer kosteneffizienten, sicherheitskonformen homogenen Steuerungslösung führen kann. Im Rahmen dieses Prozesses konnten so auch funktional anspruchsvolle Lösungsansätze verwirklicht werden.

Durch das integrative Ventilkonzept sowie das neue Filterkonzept konnte einerseits die Funktionalität der Hydraulik wesentlich verbessert werden zu anderen konnten Leckagestellen reduziert und Montagezeit eingespart werden. Weiterhin war es möglich eine Reduzierung des Kalibrieraufwandes und damit der Inbetriebnahmezeit der Maschine zu erzielen.

Ein ganzheitliches Servicekonzept wurde realisiert, welches den Zugriff auf die Informationen aller Subsysteme ermöglicht. Ein großer Umfang der Service & Diagnose Tool Funktionalität konnte bereits auf dem 10,4″ Farbdisplay integriert werden. Zusätzliche Funktionalitäten stellt dabei das Service & Diagnose Tool als PC Version zur Verfügung.

Literaturverzeichnis

[1]   Amtsblatt der Europäischen Union, L157/24, DE, 9.6.2006.
      "Maschinenrichtlinie", RICHTLINIE 2006/42/EG DES
      EUROPÄISCHEN PARLAMENTS UND DES RATES, vom 17. Mai
      2006, über Maschinen und zur Änderung der Richtlinie 95/16/EG
      (Neufassung). 2006

[2]   ERO-Gerätebau GmbH. Betriebsanleitung Traubenvollernter SF200.
      2009

[3]   DIN Deutsches Institut für Normung e.V., DIN EN ISO 13849:2008-12
      Sicherheit von Maschinen - Sicherheitsbezogene Teile von
      Steuerungen, Teil 1: Allgemeine Gestaltungsleitsätze, Teil 2:
      Validierung. 2008

[4]   DIN Deutsches Institut für Normung e.V., DIN EN ISO 12100:2011-03
      Sicherheit von Maschinen - Allgemeine Gestaltungsleitsätze -
      Risikobeurteilung und Risikominderung. 2008

[5]   DIN Deutsches Institut für Normung e.V., und VDE Verband der Elektrotechnik Elektronik Informationstechnik e.V., DIN EN 61508:2011-2 (VDE 0803) Funktionale Sicherheit sicherheitsbezogener elektrischer/elektronischer Systeme, Teile 1 – 3. Feb. 2011

[6]   Autorenkollektiv Michael Hauke et al., Fachbereich 5 Unfallverhütung – Produtktsicherheit, BGIA – Institut für Arbeitsschutz der Deutschen Gesetzliche Unfallversicherung Sankt Augustin. BGIA-Report 2/2008 Funktionale Sicherheit von Maschinensteuerungen – Anwendungen der DIN EN ISO 13849 -. 2008

[7]   HYDAC Datenblätter: Drucksensor HDA8000 SIL2, Steuergerät HY-TTC90, Display HY-TTC 10,4"

Hydraulischer Hybrid für mobile Arbeitsmaschinen

Dipl. -Ing. Tobias Huth, Prof. Dr.-Ing. habil. Günter Kunze, Dr.-Ing. André Winger

TU Dresden, Lehrstuhl Baumasch.- u. Fördertechnik, 01062 Dresden, Deutschland

Kurzfassung

Alternative Antriebskonzepte sind seit Jahren Gegenstand zahlreicher Forschungs- und Entwicklungsvorhaben mit dem gemeinsamen Ziel, Kraftstoffverbrauch und Emissionen zu reduzieren. Im Bereich mobiler Arbeitsmaschinen gilt der hydraulische Hybridantrieb dabei als eine aussichtsreiche Alternative. Dem vorliegenden Beitrag liegt ein hydraulisches Hybridkonzept mit Speichern (Konstantdrucksystem) und thermohydraulischer Freikolbenmaschine (FKM) als Primäraggregat zu Grunde, aufgebaut in einem 2,5 t Gabelstapler der Fa. Jungheinrich AG.

Der Vortrag berichtet über die Ergebnisse des vom BMWi unter Fö.-Kz.: 0327247/D geförderten Verbundvorhabens und über die Ergebnisse eines im Nachgang daran an der TU Dresden durchgeführten Drittmittelprojektes, finanziert durch die Bosch Rexroth AG.

Zur Motorprozeßentwicklung werden die erzielten Ergebnisse bzgl. Leistung, Verbrauch und Abgasemission gezeigt. Im „Stapler" aufgebaut, arbeitet die FKM als Primäraggregat im Aussetzbetrieb innerhalb des hydraulischen Hybridantriebsystems mit eingeprägtem Druck, bei dem die Hauptantriebe sekundär geregelt werden und das, mit Speichern ausgestattet, über Rekuperationsmöglichkeiten verfügt.

Im Beitrag wird auf die Umsetzung der Einzelfunktionen im Gesamtsystem und auf die übergeordnete Steuerung und Regelung eingegangen. Die Erprobung des Versuchsträgers wird erläutert und Meßergebnisse für den Energiebedarf in einem Lastzyklus ähnlich VDI 2198 für den FKM-Stapler und einen konventionellen Serienstapler im Vergleich gezeigt.

Stichworte

hydraulisch, Hybridantrieb, Sekundärregelung, mobil, eingeprägt, Druck, Freikolbenmaschine, Stapler

1 Freikolbenmaschine als Primäraggregat für hydraulische Antriebe

Die thermohydraulische Freikolbenmaschine stellt eine preiswerte und effiziente Antriebsalternative für hydraulische Antriebe dar, da sie prinzipbedingt einfach aufgebaut ist und nur in einem, ausgelegten Betriebspunkt betrieben wird. Ohne Leerlauf und Teillast arbeitet sie in druckgeprägten, speicherbehafteten Hydrauliksystemen (Hybrid) besonders effizient und schadstoffarm im Aussetzbetrieb (Stapelbetrieb) weitgehend entkoppelt vom aktuellen Lastwunsch der Verbraucher. Auf diese Weise ergeben sich besonders in intermittierenden Lastzyklen große Einsparpotentiale bzgl. Kraftstoffverbrauch und Schadstoffemission.

Ohne kinematische Zwangsbedingungen, die z. B. beim Kurbeltrieb zu einer definierten Kolbenbewegung zwischen zwei festen Totpunkten führen, ergibt sich die Bewegung des Kolbens der Freikolbenmaschine nur durch die auf ihn wirkenden Kräfte (Abbildung 1). Die direkte Abnahme der geleisteten Arbeit am ungefesselten Kolben ist ein weiteres Merkmal dieses Wirkprinzips. Im Fall der thermohydraulischen FKM erfolgt dies durch die Verdrängungsarbeit, die mittels der Arbeitsfläche(n) des Freikolbens am Arbeitsmedium verrichtet wird. Bedingt durch den Arbeitszyklus einer Pumpe, der auf der Hydraulikseite stattfindet, werden FKM zumeist mit dem Zweittaktverfahren auf der Gasseite betrieben. Weiterführende Informationen zum Funktionsprinzip, Steuerung und Regelung der FKM finden sich u. a. in [1] und [2].

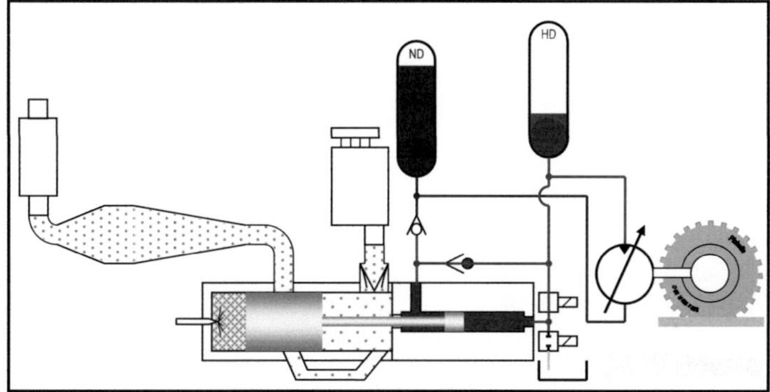

Abb. 1: Funktionsprinzip der FKM

Gemäß dem ersten Ziel des vom BMWi geförderten Vorhabens, den innermotorischen Verbrennungsprozeß der FKM weiterzuentwickeln, wurden umfangreiche Simulations- und Versuchsarbeiten an der TU Dresden ausgeführt. Ausgehend von dreidimensionaler Strömungssimulation für Ladungswechsel, Einspritzung und Verbrennung wurden verschiedene Prototypen konstruiert und gefertigt und anschließend an Prüfständen aufgebaut und erprobt. Variiert wurden z. B. die geometrischen Abmessungen und damit die hydraulische Leistungsabgabe der Maschine, Einspritzstrahl- und Brennraumgeometrien sowie zahlreiche Steuerungs- und Regelungsparameter. Detaillierte Informationen zur Motorprozeßentwicklung an der FKM und der Weiterentwicklung für den schadstoffarmen Betrieb finden sich in [3], [4], [5] und [6].

Mit den Prototypen der dritten (7,5 kW) und vierten Generation (15 kW) wurden sowohl am Prüfstand der TU Dresden als auch beim Projektpartner Bosch Rexroth in Lohr am Main umfangreiche Versuche zu Betriebsverhalten und Leistungsabgabe durchgeführt. Nachgewiesen wurden der stabile, dauerhafte Lauf und die zuverlässige Leistungsbereitstellung am Prüfstand.

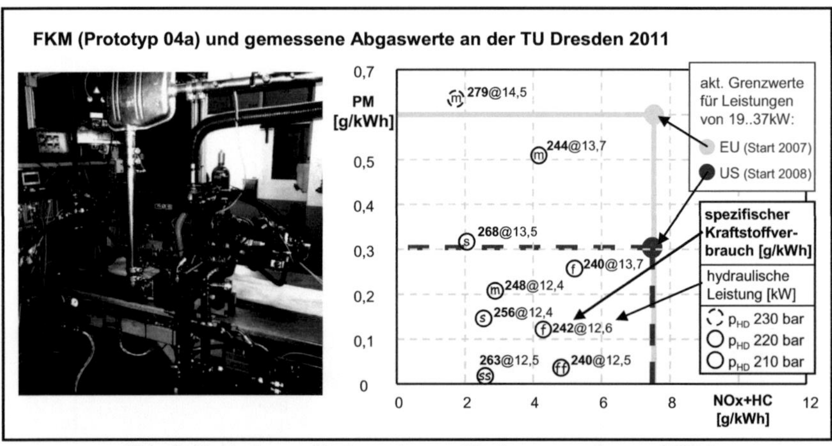

Abb. 2: Emissions-, Verbrauchs- und Leistungsmeßwerte FKM

Sowohl außer Haus (Forschungsinstitut für Fahrzeugtechnik „fif" der HTW Dresden) als auch am Prüfstand der TU Dresden wurden der Kraftstoffverbrauch und die Abgasemissionen gemessen. Dabei konnte erfolgreich die Einhaltung der aktuellen Abgasemissionsgrenzwerte meßtechnisch nachgewiesen werden (Abbildung 2). Ohne Abgasnachbehandlung erfüllt die FKM die strengeren Grenzwerte der nächsthöheren Leistungsklasse für „Off-Highway"-Dieselmotoren.

2 Stapler als Beispiel für hydraulisches Hybridantriebssystem

2.1 Konzept

Als Beispielapplikation kamen Bagger, Radlader und Stapler in Frage, also Maschinen, deren intermittierender Betrieb für Hybridsysteme Potential bietet. Aufgrund der räumlichen Gegebenheiten an der TU Dresden und nicht zuletzt Dank der freundlichen Unterstützung durch die Jungheinrich AG in den Jahren 2008 und 2009 wurde die Beispielapplikation „Stapler" gewählt.

Vor der Konzeption des neuen Antriebssystems waren grundlegende Fragen zu beantworten [7]. Sollte an der vorhandenen drosselgesteuerten, volumenstromgeprägten Hydraulik heutiger mobilhydraulischer Antriebssysteme festgehalten werden und die FKM nur als Ersatz für den Verbrennungsmotor samt angeflanschter Pumpen dienen? Oder war es ratsamer, das komplette Hydrauliksystem auf eingeprägten Druck und entsprechend dimensionierte Applikationsspeicher umzustellen? Aus Simulationsrechnungen wußte man um das größere Potential, daß durch diese Systemumstellung zu erschließen wäre. Allerdings war damit auch der höchste Aufwand für den Aufbau einer Beispielapplikation für die FKM verbunden.

Zugunsten der Demonstration deutlicher Einspareffekte entschied man sich für die Komplettumstellung des Antriebssystems. Ausführlich beschrieben wurde das in Abbildung 3 dargestellte Konzept in [8]. Aus Effizienzgründen sollten die leistungsstärksten Verbraucher (Fahr- u. Hubantrieb) mit drosselfreier Sekundärregelung ausgeführt werden, während für die leistungsschwächeren Verbraucher Lenkung (LZ) und Neigen (NZ) dieser Aufwand als nicht lohnenswert eingeschätzt wurde und hier die bekannte, feinfühlige Drosselsteuerung (PV) zum Einsatz kommen sollte. Für alle Komponenten des Systems wurden Sitzventile mit Absperrfunktion (SV) vorgesehen, um bei Stillstand unnötige Leckagen zu vermeiden („Null-Leckage"-Konzept).

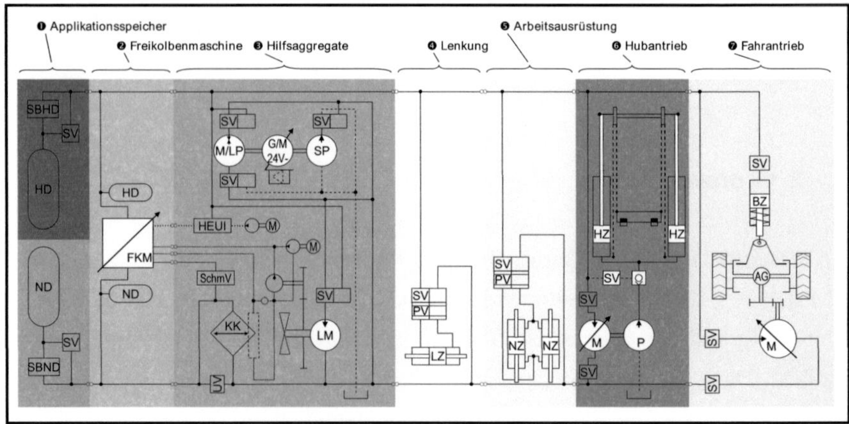

Abb. 3: Konzept FKM-Stapler

2.2 Aufbau

Als Basis für den Aufbau eines Staplers mit Freikolbenmaschine (FKM) diente ein diesel-motorisch betriebener 2,5 t Gegengewichtstapler der Fa. Jungheinrich AG vom Typ DFG25BK. Dieser Stapler verfügt über eine Antriebsachse mit mechanischem Differential und ist mit herkömmlichen Trommelbremsen an beiden Antriebsrädern ausgestattet.

Dieser als Grundgerät ausgewählte Gebrauchtstapler wurde zunächst vollkommen demontiert und völlig neu aufgebaut. Vom ursprünglichen Antriebssystem blieben nur die Vorderachse mit mechanischem Differential und der Duplex-Hubmast erhalten. Alle anderen Komponenten des Systems wurden komplett durch neue ersetzt (Abbildung 4).

Der Aufbau des FKM-Staplers dauerte insgesamt ein Jahr und wurde ausführlich in [9] der Öffentlichkeit vorgestellt. Ausgelegt wurden alle Systemkomponenten mittels Simulation und die Konstruktion erfolgte vom Bauraumentwurf bis zur fertigen Verschlauchung vollständig mit dreidimensionaler Computerunterstützung.

Abb. 4: Demontage und Neuaufbau

2.3 Inbetriebnahme

Unter der „Inbetriebnahme" versteht man im Allgemeinen das erstmalige, testweise Betreiben eines Systems. Fertig aufgebaut, angeschlossen und betriebsbereit erfolgt vor Ort das „erste Einschalten" und die Prüfung der Funktionen des Systems. Der FKM-Stapler verfügte jedoch nicht über einen solchen „Einschalter". Weder das Gesamtsystem noch eine seiner Teilkomponenten wurden jemals vorher erprobt. Die komplette Programmierung aller Funktionen stand noch aus.

2.3.1 Signalverbindungen und Schnittstellen

Nach erfolgtem Aufbau ging es im ersten Schritt darum, die Sensorik und Aktorik zu verkabeln, am Steuergerät des Staplers zunächst alle Signale zu kalibrieren, die Botschaften der beiden CAN-Kanäle zu spezifizieren und deren Kommunikation einzurichten. Die Programmierung einer geeigneten Nutzerschnittstelle für den Bediener und einer interaktiven Oberfläche für den Entwickler schlossen diese erste Phase der Inbetriebnahme ab.

Die eingesetzte Hard- und Software stammt großteilig von der Fa. dSPACE GmbH. Als Steuergerät dient eine MicroAutoBox, die Leistungsstufe der Steuerung bildet ein RapidPro Stack. Ein berührungsempfindliches Anzeigemodul (EL 106, Fa. Lenze) dient als Nutzerschnittstelle.

2.3.2   Elektro-hydraulische Eigenversorgung

In der zweiten Phase der Inbetriebnahme ging es nun darum, komponentenweise die für den Betrieb des Staplers nötigen Funktionen der Leistungsbereitstellung zu implementieren. Begonnen wurde mit der Bereitstellung hydraulischer Anfangsdrücke (Abbildung 5, links) für den Start der FKM

Mit der hydraulischen Eigenversorgung war prinzipbedingt auch die elektrische Eigenversorgung zu implementieren. Leider gelang es trotz Nachbesserungen und Anbieterwechsel bis heute nicht, hydraulischen Hochdruck generatorisch in elektrischen Strom zu wandeln. Stattdessen mußte hier vorerst abgebrochen und mit der Dachmontage von sechs Zusatzbatterien eine vorläufige Ersatzlösung gefunden werden.

Für möglichst geringe Stillstandsverluste wurden für alle Funktionen im System Sitzventile mit Absperrfunktion vorgesehen. Das sollte normalerweise verhindern, daß weder aus dem Hochdruck- noch aus dem Niederdruckspeicher Öl entweicht. Dieses „Null-Leckage"-Konzept konnte in Praxis nicht vollständig umgesetzt werden (Abbildung 5, rechts). Innerhalb von ca. 10 min sinkt der Hochdruck um rd. 6 bar, trotz Stillstand aller Verbraucher, das entspricht einem Leckölstrom von ca. 25 ml/min (5 ml/min nach Niederdruck, Rest nach Tank).

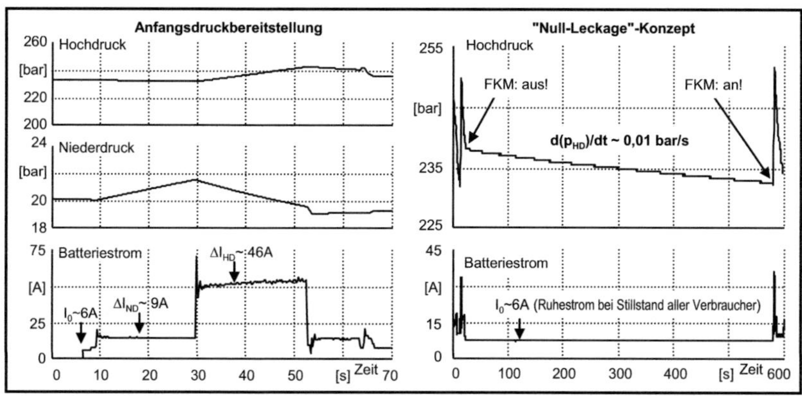

Abb. 5: Anfangsdruckbereitstellung und „Null-Leckage"-Konzept

2.3.3 FKM, Kühlung und Speisepumpe

Im dritten Inbetriebnahmeschritt ging es um die Aufrechterhaltung der hydraulischen Leistungsbereitstellung. Neben der Kühlung von Öl und Wasser durch den vom Lüftermotor angetriebenen Ventilator (bei gleichzeitiger Kühlmittelumwälzung) zählen dazu die Niederdruckbereitstellung (Speisepumpe) und der Betrieb der FKM.

Die Funktion des Lüftermotors wurde als Zweipunktregelung der Drehzahl mit variablen Schaltpunkten dargestellt. Nach jedem Abstellen der FKM läuft der Lüftermotor einmal kurz an um einen Wärmestau zu verhindern (Abbildung 6) und läuft ggf. solange, bis ein bestimmtes Temperaturniveau wieder erreicht wurde. Die FKM arbeitet ebenfalls zweipunktgeregelt mit variablen Schaltpunkten im Aussetzbetrieb, abhängig nur vom Druckniveau des Hochdruckspeichers.

Die Speisepumpenfunktion ließ sich aufgrund einer Neuauslegung der Komponenten (kleinere Motor-/Ladepumpe, da Generator/Motor schwächer als Herstellerangabe war) nur noch mit elektrischer Unterstützung realisieren. Niederdruckabhängig arbeitet die Speisepumpe ebenfalls zweipunktgeregelt, aber im Unterschied zur Kühlung mit festen Schaltpunkten (Abbildung 7).

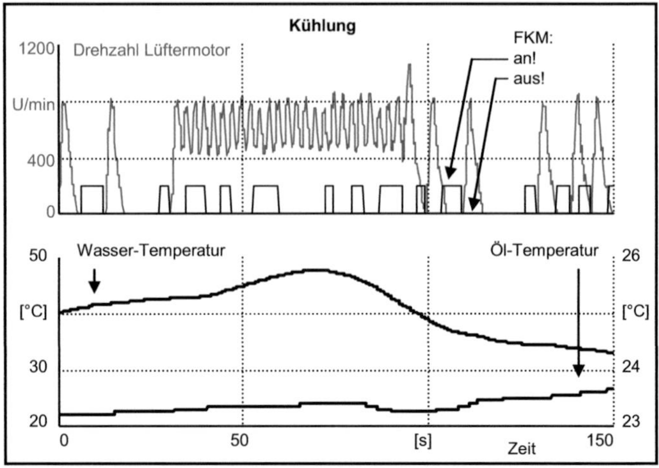

Abb. 6: Kühlung

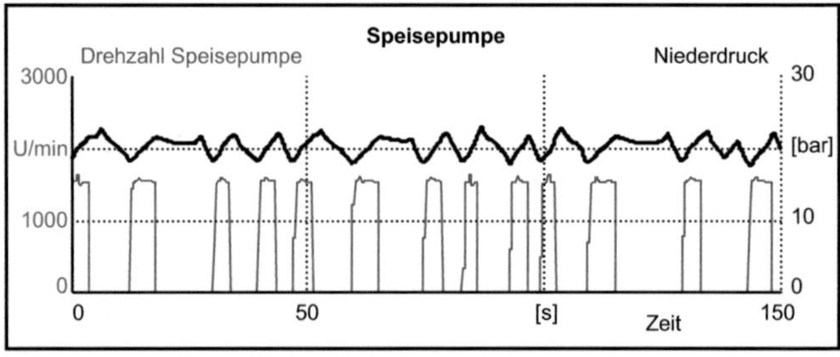

Abb. 7: Speisepumpe

2.3.4 Verbraucher des Antriebssystems

Mit sichergestellter Bereitstellung hydraulischer und elektrischer Leistungen konnte in der vierten Phase die Inbetriebnahme der Verbraucher erfolgen. Das sind Lenkung und Fahrantrieb mit Feststellbremse einerseits und Arbeitsausrüstung (Neigezylinder und Hubantrieb mit Lasthalteventil) andererseits. Neben den aufgebockten Stapler ohne Kabine wurden die Bedienelemente (Fahr- u. Bremspedal, Multifunktionslenkrad „JetPilot®' und Nutzer-schnittstelle) platziert.

Neigezylinder

Die als Gleichgangzylinder ausgeführten Neigezylinder werden durch ein Proportionalventil ohne Rückführung gesteuert. Das gewandelte Signal der Taste des Multifunktionslenkrades wird direkt an ein 3/4 Wege Proportional-ventil weitergegeben, welches zwischen Hoch- und Niederdruck angeordnet, die Beaufschlagung der Zylinderflächen mit beiden Drücken ermöglicht. So wird die Neigegeschwindigkeit direkt gesteuert und der Bediener fungiert als Regler. Integrierte mechanische Anschläge dienen zur Wegbegrenzung. Bei Stillstand sperren Sitzventile die Neigezylinder samt Proportionalventil ab, um unbeabsichtigtes Kriechen und Leckagen zu vermeiden.

Lenkung

Die Lenkung ist als reine „Lenkung über Signalkabel" (steer-by-wire) ausge-führt. Es gibt weder hydraulische noch mechanische Rückführungen zum Lenkrad. Zugelassen für den nichtöffentlichen Verkehr bis 20 km/h stellt dieses innovative System der Fa. Jungheinrich AG eine erhebliche Arbeitser-leichterung für den Bediener dar. Zum Volleinschlag der Räder genügen ca. 100° Lenkradwinkel in jeder Richtung, das lästige Kurbeln am Lenkrad beim Rangieren entfällt.

Zur Implementierung werden zwei redundante Lenkradwinkel-Sollsignale fehlergeprüft als Vorgabe für die Stellung der Hinterräder interpretiert. Mit der Lagerückmeldung zweier redundanter Linearpotentiometer am Gleich-gang-Lenkzylinder generiert eine PI-Lageregelung das Stellsignal für ein 4/3-Wege-Proportionalventil (Abbildung 3).

Die Lenkfunktion besitzt Vorrang vor allen anderen Funktionen des Sys-tems, solange sich der Stapler bewegt. Im Fehlerfall wird die letzte Lenkposi-tion beibehalten (hydraulisch verriegelt) und das Fahrzeug zum Stillstand gebracht. Besteht keine Differenz zwischen Soll- und Ist-Winkel wird der Lenkzylinder samt Proportionalventil mit Sitzventilen abgesperrt (im Stillstand und während der Fahrt), um unbeabsichtigte Lenkwinkeländerungen und Leckagen zu vermeiden.

Fahrantrieb

Eine Schrägscheiben-Axialkolbenmaschine vom Typ A10VSO28 der Fa. Bosch Rexroth AG ist das Grundelement des Fahrantriebs. Sie erzeugt das Drehmoment zum Beschleunigen und Bremsen des Staplers. Sie arbeitet drosselfrei als sekundärseitig durch den Schwenkwinkel der Schrägscheibe stufenlos in der Leistungsabnahme einstellbarer Hauptverbraucher.

Der eingesetzte Fahrmotor schwenkt ohne Steuerdruck voll aus. Daher muß mit Niederdruck auf den Wert ‚null' vorgesteuert werden, um ein sicheres, ruckfreies Anfahren zu gewährleisten. Mit hydraulisch gelüfteter Trommelbremse kann der Fahrleistungswunsch des Bedieners in der gewählten Fahrtrichtung auf zwei Arten umgesetzt werden. Entweder wird das Pedalsignal als Beschleunigungswunsch interpretiert oder es wird als Fahrgeschwindigkeitswunsch aufgefaßt.

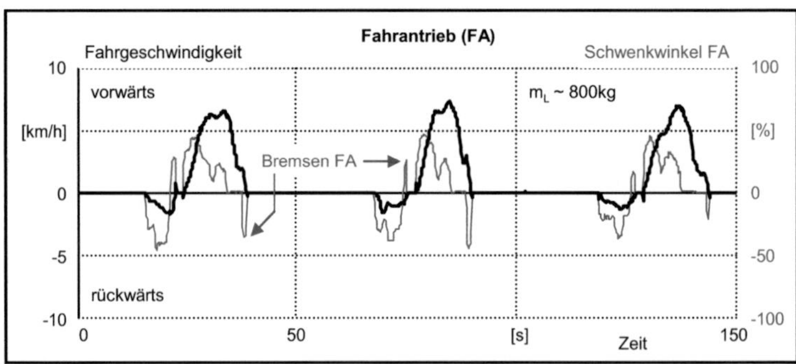

Abb. 8: Fahrantrieb

Im ersten Fall wird fahrtrichtungsabhängig die Schrägscheibe der Achse proportional zur Fahrpedalstellung ausgeschwenkt, was eine Beschleunigung des Staplers zur Folge hat (Abbildung 8). Der Fahrer fungiert so als Regler für die Fahrgeschwindigkeit. Überstimmbar ist dies stets durch die Bremspedalbetätigung, welche ein Zurückschwenken über Null (Rekuperation) hervorruft, bis das Fahrzeug zum Stillstand gekommen und die Feststellbremse wieder eingefallen ist.

Im zweiten Fall wird durch eine PID-Drehzahlregelung der Fahrantriebsachse der Schwenkwinkel derart gestellt, daß die Abweichung zwischen Soll- und Ist-Geschwindigkeit des Staplers möglichst klein ist. So kann es bereits bei einer Verringerung der Sollgeschwindigkeit zum Rückschwenken über Null, also zum rekuperativen Bremsen ohne Bremspedalbetätigung kommen.

Hubantrieb

Der Hubantrieb wurde als zweiter Hauptverbraucher im Gesamtsystem ebenfalls als drosselfreier, sekundärgeregelter Antrieb ausgeführt. Eine Axialkolbenmaschine vom Typ A10 ist wie beim Fahrantrieb zwischen Hoch- und Niederdruck geschaltet. Das erzeugte Drehmoment wird auf eine direkt verbundene Innenzahnradpumpe geleitet, welche zwischen Hubzylindern und Tank geschaltet ist (Abbildung 3). Beim Heben arbeitet sie als Pumpe und wird von der Axialkolbenmaschine getrieben. Umgekehrt arbeitet sie beim Senken als Innenzahnradmotor und treibt die als Pumpe arbeitende Axialkolbenmaschine, wodurch rekuperativ Energie zurückgewonnen wird.

Ein zwischen Innenzahnradpumpe u. Hubzylindern geschaltetes hydraulisch entsperrbares Rückschlagventil (Lasthalteventil), verhindert das unbeabsichtigte Senken von Gabelträger und Last. Auch beim Hubantrieb ist eine Vorsteuerung notwendig. Jedoch wird hier nicht auf Nullhub vorgesteuert, sondern auf einen lastabhängigen, der Gewichtskraft proportionalen Wert (Abbildung 9).

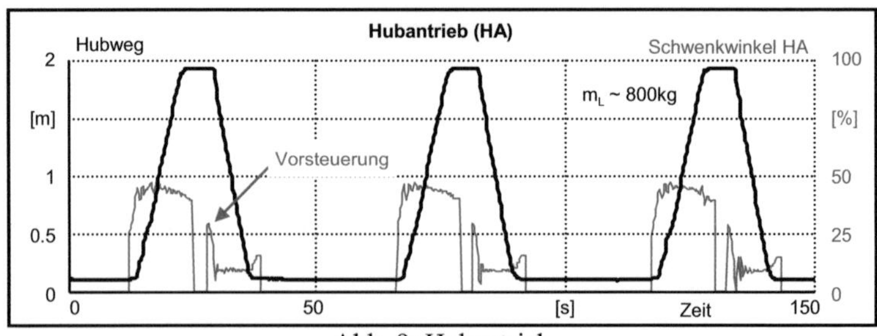

Abb. 9: Hubantrieb

Während beim Heben das Lasthalteventil nicht entsperrt werden muß, ist es beim Senken erforderlich, die hydraulische Entsperrung zu aktivieren. Dies geschieht zu Beginn des Senkvorganges in der Vorsteuerphase, wenn die Drücke vor und nach dem Lasthalteventil annähernd gleiche Werte erreicht haben. So läßt sich verhindern, daß das Senken ruckartig beginnt.

Während des Hebens und Senkens kann zwischen Geschwindigkeits- oder Wegvorgabe gewählt werden. Beide Varianten werden über eine PID-Regelung der Hubgeschwindigkeit (nicht der Pumpendrehzahl) realisiert, der eine Vorsteuerung überlagert ist und die mit richtungsabhängigen, variablen Regelparametern arbeitet. Abhängig sind die Parameter der Regelung von der effektiven Hublast und der Öltemperatur.

Im Falle der Geschwindigkeitsvorgabe wird das Signal des Bedieners als Sollwert für Hub- bzw. Senkgeschwindigkeit interpretiert. Bei der Wegvorgabe, wird eine zuvor gespeicherte Position automatisiert angefahren. Dazu wird ein von der aktuellen Position abhängiges Sollgeschwindigkeitsprofil generiert, das der Geschwindigkeitsregelung als Eingangssignal dient. Eine überlagerte I-Lageregelung dient hier zusätzlich dem Erreichen hoher Positioniergenauigkeit.

2.3.5   Sicherheit und Fehler

Nachdem alle Verbraucherfunktionen implementiert waren, konnte in der fünften und letzten Phase der Inbetriebnahme der Stapler abgebockt und die Kabine samt Bedienelementen montiert werden. Einfachen Funktionstests folgte dann die vorerst abschließende Fertigstellung der Steuergeräteprogrammierung der ersten Version.

Das Gesamtsystem wird mit verschiedenen übergeordneten Steuer- und Regelvorschriften betrieben. Zu diesen Regelvorschriften zählen die Weg- und Geschwindigkeitsbegrenzung des Hubwerks, die Geschwindigkeits- und Beschleunigungsbegrenzung des Fahrantriebs sowie die Absicherung des Hochdrucks. Letztere sorgt für die allmähliche Rücknahme aller Verbraucherleistungen im System außer der Lenkung (Vorrangschaltung) im Falle sinkenden Hochdruckniveaus, so daß der aktuell benötigte Einschaltdruck für die FKM nicht unterschritten wird.

Die Überwachung aller Signale, deren Prüfung auf Plausibilität und Einhaltung vorgegebener Grenzen steuert die Fehlerbehandlung im Gesamtsystem. Bei Verletzung verschiedener Abfragebedingungen, werden Nachrichten und Fehler generiert und dem Nutzer in der Anzeige signalisiert. Diese sind nach ihrer Bedeutung für das Betriebsverhalten geordnet, d. h. es sind ihnen Prioritäten zugewiesen. Je nach Schweregrad setzt sich stets der höchste Fehlerwert durch.

2.4 Erprobung

Nach VDI 2198 wird für Flurförderzeuge der Energiebedarf ermittelt, der als Herstellerangabe auf dem Datenblatt des Gerätes zu finden ist. Die räumlichen Gegebenheiten an der TU Dresden und die Ausrüstung mit Meßgewichten erlaubten es nicht, die Bedingungen dieser Vorschrift einzuhalten. Anders als gefordert, stand nur ein Fahrweg von 13,2 m zur Verfügung (Abbildung

10, links) und anstelle der Nennlast von 2,5 t konnte nur eine Nutzlast von 800 kg dargestellt werden.

Abb. 10: Erprobung und Verbrauchsermittlung

Aus Sicherheitsgründen mußte auf das Neigen und die Rangierfahrt mit gehobener Last verzichtet werden. Innerhalb der beengten Platzverhältnisse wurde durch eine Software-Begrenzung das Erreichen der maximalen Fahrgeschwindigkeit des Staplers mit FKM aktiv verhindert.

Als vergleichbarer, dieselbetriebener Serienstapler stand an der TU Dresden ein Gerät der Fa. Jungheinrich, Typ DFG 430 (Triplex-Hubmast) zur Verfügung. Mit beiden Staplern wurde unter den gegeben Möglichkeiten für eine Stunde der Lastzyklus in Anlehnung an VDI 2198 gefahren und im Anschluß der Energiebedarf ermittelt (Abbildung 10, rechts).

Beim hydraulischen Hybridstapler mit FKM ließen sich die Ein- u. Ausgangssignale des Entwicklungssteuergerätes zur Meßwerterfassung nutzen. In Abbildung 11 beispielhaft dargestellt, sind Meßwerte für Fahrgeschwindigkeit und Hubhöhe für zwei aufeinanderfolgende Arbeitsspiele (ASP). Unterhalb des Diagramms erkennt man gut am Ein- und Ausschaltsignal den Aussetzbetrieb der FKM. Mit ca. 39% Einschaltdauer beträgt die Stillstandzeit der FKM während des Lastzyklus ca. 61%, d. h. in weit über der Hälfte der gesamten Arbeitszeit konnten ineffiziente Teillast und Leerlauf vermieden, und so Kraftstoff gespart und Emissionen gemindert werden.

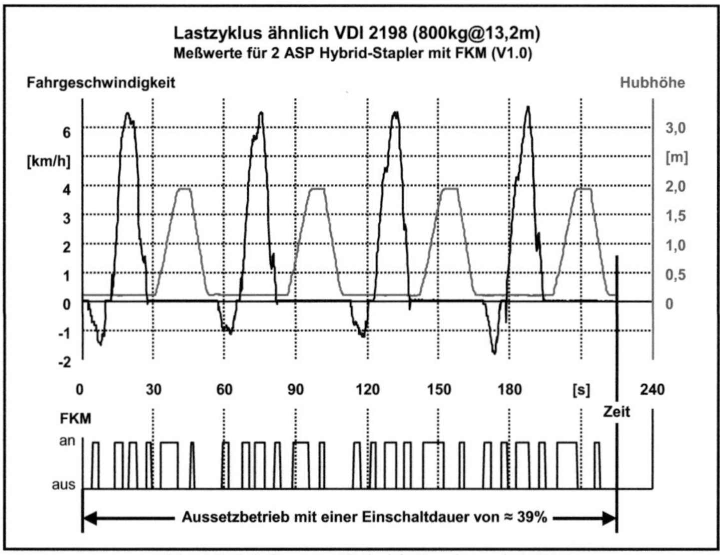

Abb. 11: Meßwerte Hybrid-Stapler mit FKM

Eine Ausrüstung des konventionellen Vergleichsstaplers mit Meßtechnik war aus Zeit- u. Kostengründen nicht möglich. Zur Dokumentation und Auswertung wurden mit einer Netzwerkkamera die Arbeitsspiele im Lastzyklus für beide Stapler in Echtzeit aufgezeichnet. Mehrfach wurde während der Messung mit dem Zollstock die Einhaltung der Hubhöhen kontrolliert und eine Strichliste über die absolvierten Arbeitsspiele und die dafür benötigten Zeiten geführt. Vor jeder Meßfahrt wurden beide Stapler randvoll mit Dieselkraftstoff betankt, so daß der Einfüllstutzen bis Oberkante bündig befüllt war. Nach jeder Meßfahrt wurde mit einem Meßbecher soviel Dieselkraftstoff nachgefüllt, bis dieser Ausgangsfüllstand wieder erreicht war (Abbildung 10, rechts). Die nachgefüllten Volumina wurden entsprechend in die Strichliste mit den Zeiten eingetragen.

3 Ergebnis

Im Lastzyklus ähnlich VDI 2198 vollendete der konventionelle Serienstapler 35 Arbeitspiele in 1 h und verbrauchte dabei 2,12 Ltr. Dieselkraftstoff. Der hydraulische Hybridstapler mit FKM hat in einer Stunde und 42 Sekunden die gleiche Anzahl Arbeitsspiele absolviert und dabei 1,39 Ltr. Dieselkraftstoff verbraucht. Allerdings wurde während dieser Zeit aus den Batterien elektrische Energie entnommen, die (anders als beim konventionellen Vergleichsstapler) auf-grund fehlender Generatorfunktion nicht autark nachgeladen werden konnte. Dieser elektrische Energiebedarf ist entsprechend umzurechnen und dem verbrauchten Kraftstoffvolumen zuzuschlagen, damit ein fairer Vergleich stattfindet. Mit einem geschätzten Bereitstellungswirkungsgrad von ca. 15 % für eine autarke Elektroenergieerzeugung aus Diesel an Bord des FKM-Staplers sind noch 0,31 Ltr. Dieselkraftstoff zum gemessen Verbrauch hinzuzurechnen. Damit ergibt sich ein Gesamtverbrauch von 1,7 Ltr. Dieselkraftstoff. Die Einsparung beträgt 19,86% für den Hybridstapler mit FKM gegenüber dem konventionellen Serienstapler (Abbildung 12).

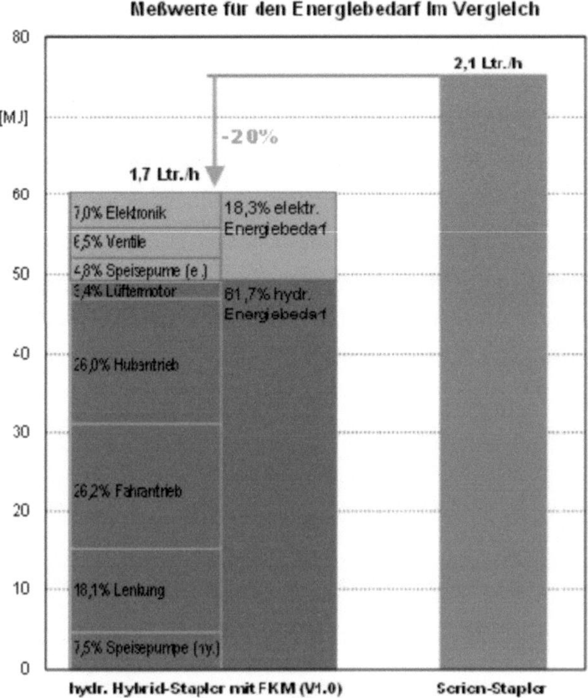

Abb. 12: gemessener Energiebedarf im Vergleich

Literaturverzeichnis

[1] G. Kunze, et. al.: Thermo-hydraulic free piston engine (fpe) as a prima-
ry propulsion unit in mobile hydraulic drives, 5.IFK Aachen. 2006

[2] A. Winger: Thermohydraulische Freikolbenmaschine, 3. Fachtagung
Baumaschinentechnik Dresden. 2006

[3] Fichtl, Holger: Theoretische und experimentelle Untersuchungen einer
thermohydraulischen Freikolbenmaschine : ein Beitrag zur Auslegung
und Optimierung, Diss. Dresden TUDpress. 2006

[4] G. Kunze, et. al.: Betriebs- und Emissionsverhalten einer thermohydraulischen Freikolbenmaschine, 4. FAD-Konferenz Dresden. 2006

[5]   Barciela, Bruno: Direkt gekoppelte Simulation zur Brennverfahrens-entwicklung an einer thermohydraulischen Freikolbenmaschine, Diss. Dresden TUDpress. 2010

[6]   G. Kunze, B. Barciela: Simulation einer thermohydraulischen Freikol-benmaschine, AVL User Conference Freising. 2009

[7]   G. Kunze, A. Winger: Möglichkeiten und Grenzen der Senkung des Energieaufwands bei Hybridantrieben, 1. VDMA-Tagung Hybridan-triebe in mobilen Arbeitsmaschinen Karlsruhe. 2007

[8]   G. Kunze, et. al.: Gegengewichtstapler mit Freikolbenmaschine, 4. Fachtagung Baumaschinentechnik Dresden. 2009

[9]   A. Feuser, G. Kunze, A. Mark, A. Winger: Forklift with Free Piston Engine, 7.IFK Aachen. 2010

Vergleich hydraulischer und elektrischer Antriebssysteme am Beispiel eines Zweischeibendüngerstreuers

M.Sc. Volker Stöcklin, Dipl.-Ing. (FH) Michael Linz

Rauch Landmaschinenfabrik GmbH, Landstraße 14, 76547 Sinzheim, Deutschland

Kurzfassung

Schon seit einigen Jahren werden beim Düngersteuer sehr erfolgreich hydraulische Antriebssysteme für die Dosierung und auch die Verteilung des Düngers eingesetzt und haben sich zunehmend neben den mechanischen Zapfwellenantrieben etabliert.

Daneben haben sich Elektrische Antriebsysteme mit 12V Gleichstrommotoren für Antriebe kleiner Leistungen durch ihre einfachen Integrationsmöglichkeiten in Verbindung mit elektronischen Steuerungen mittlerweile durchgesetzt und bieten bei diesen Anwendungsfällen deutliche Vorteile. Doch erst durch die Verfügbarkeit von Hochvoltsystemen auf Traktoren konnten Entwicklungen beginnen, um den Wurfscheibenantrieb mit seinen höheren Leistungsanforderungen zu elektrifizieren. In diesem Bereich verspricht man sich gegenüber der Hydraulik neben besseren Wirkungsgraden des Antriebs im Teillastbetrieb vor allem auch Verbesserungen aufgrund einer höheren Drehzahlstelldynamik.

Die hydraulischen Antriebssysteme werden bei den Einsatzfeldern des Streuscheibenantriebs, des Rührwerks und der Dosiereinrichtung nach verschiedenen Kriterien wie z.B. Energieeffizienz, Regelbarkeit, Leistungsdichte und wirtschaftlichen Gesichtspunkten bewertet und mit möglichen elektrischen Alternativen verglichen. Es konnte an Beispielen gezeigt werden, dass je nach Anwendungsfall hydraulische oder elektrische Antriebstechnologien Vorteile mit sich bringen, aber auch ihre Grenzen haben.

Die Einführung und Verbreitung von leistungsstarken elektrischen Drehantrieben mit Hochvolttechnik wird noch mehrere Jahre dauern, weshalb die Hydraulik gerade bei diesen Antriebstypen sicher noch einige Zeit dominierend bleibt.

1 Einleitung

Zur Verteilung von Mineraldünger haben sich Zweischeiben-düngerstreuer zum Standard entwickelt. Arbeitsbreiten von 24m und größer haben sich etabliert, wobei groß strukturierte Betriebe heute schon Fahrgassensysteme mit 36m nutzen.

Die mit steigenden Betriebskosten konfrontierten landwirtschaftlichen Betriebe fordern die Weiterentwicklung von Antriebssystemen, wobei besonders die Energieeffizienz im Vordergrund steht. Dabei weist der Düngerstreuer zusätzlich, aufgrund der hohen Kosten für den Mineraldünger, bedeutende Optimierungspotentiale sowohl zur Erhöhung der Dünger-effizienz als auch zur Ertragssteigerung auf. Weiterentwicklungen in der Antriebstechnik der Anbaudüngerstreuer können dazu beitragen diese Optimierungspotentiale zu erschließen.

Daneben ist der Trend zu höherer Produktivität bei den meisten landwirtschaftlichen Betrieben immer noch ein wesentlicher Schwerpunkt. Dabei wird versucht durch größere Arbeitsbreiten und höhere Fahrge-schwindigkeiten eine Steigerung der Arbeitsproduktivität zu erzielen. Aus diesen Zielen ergeben sich jedoch neue Herausforderungen: Um bei größeren Arbeitsbreiten eine gleichmäßige Verteilung zu erreichen, ist eine optimale Einstellung und eine Automatisierung der Maschine hinsichtlich ihrer Dosierung und Verteilung unabdingbar.

Vor über 25 Jahren wurde von RAUCH die erste fahrgeschwindigkeitsabhängige elektronische Regelung für einen pneumatischen Düngerstreuer auf den Markt gebracht. Diese hat dem Anwender mittels einer Abdrehprobe und einer Vierfachteilbreitenschaltung eine präzise Düngerdosierung ermöglicht. Seit dieser Zeit haben sich die Anforderungen an die Steuerungen und Regelungen ständig erhöht. Heute ist die Dosierfunktionalität durch Massenstromregelsysteme vollautomatisiert.

Getrieben durch die Komfortanforderungen der Bediener, wurden auch andere Einstellfunktionen automatisiert, so dass es heute möglich ist, einen Zweischeibendüngerstreuer mit all seinen Funktionen vollständig vom Bedienterminal aus einzustellen und zu bedienen.

2 Antriebsfunktionen beim Düngerstreuer

Die wichtigsten Komponenten und Bauteile eines Zweischeibendüngerstreuers sind nachfolgend beschrieben. Ein trichterförmiger Behälter, häufig zwei Trichter, liegt dabei mit seiner Unterkante dicht oberhalb der beiden Wurfscheiben und bildet mit dem Rahmen die tragende Struktur des Düngerstreuers. Die Wurfscheiben bestehen aus einer ebenen oder konkaven Scheibe, die mit mehreren darauf senkrecht stehenden Wurfflügeln bestückt ist. Das Düngergranulat wird im Behälter durch das Rührwerk in Bewegung gehalten und fließt durch die Dosieröffnung im Behälterboden, die innerhalb der Wurfscheibe auf dem Aufgaberadius liegt.

Der Massenfluss wird am Aufgabepunkt von einer vertikalen Flussrichtung, durch die rotierende Scheibe, schlagartig in eine fliehkraftbedingte Bewegung entlang des Flügels umgeleitet. Die Granulatkörner bewegen sich jetzt in Form eines Haufwerks entlang des Flügels bis zum Scheibenrand. Beim Mitnahmewinkel verlassen sie den Wurfflügel unter dem Abflugwinkel. Dann fliegen sie geradlinig weiter und verlieren an Höhe und Geschwindigkeit. Am Auftreffpunkt nach der Flugweite bleiben die Körner auf dem Boden liegen. Da die Düngerkörner den Wurfflügel zu unterschiedlichen Zeitpunkten verlassen, bildet sich der Streuringsektor mit einer statistischen Verteilung des gestreuten Düngers über den Bereich des Streuwinkels.

Die Streutechnik beim Zweischeibendüngerstreuer kann in die Funktionsbereiche Dosieren und Verteilen aufgeteilt werden. Dabei haben sich zur Steigerung der Präzision der Dosierung automatische Massenstromregelsysteme auf Basis der Gewichts- oder Drehmomentmessung durchgesetzt. Zur Automatisierung der einzelnen Funktionsbereiche beim Düngerstreuer sind zahlreiche Antriebe erforderlich, die mit mechanischen, hydraulischen und elektrischen Antriebssystemen realisiert werden können. In Abbildung 1 sind am Beispiel RAUCH AXIS H 50.1 EMC+W diese Antriebsfunktionen in einer Übersicht dargestellt.

Abb. 1: RAUCH AXIS H 50.1 EMC+W

2.1 Dosierfunktion

Resultierend aus der Anforderung nach hoher Dosiergenauigkeit leitet sich für die Dosierfunktion beim Düngerstreuer eine hohe Positioniergenauigkeit für die entsprechenden Stellantriebe ab. In der Vergangenheit wurde dies durch Hydraulikzylinder mit manuell einzustellenden Anschlägen realisiert, was nur eine recht unkomfortable und unflexible Einstellung der Dosiermenge mittels vorher durchzuführender Abdrehprobe erlaubte.

Um eine geschwindigkeitsabhängige Verstellung der Dosierung während der Fahrt zu ermöglichen, haben sich in den letzten Jahren 12V Elektro-Stellzylinder mit Wegmesssystem zur Ansteuerung der Dosierung durchgesetzt (Abbildung 2).

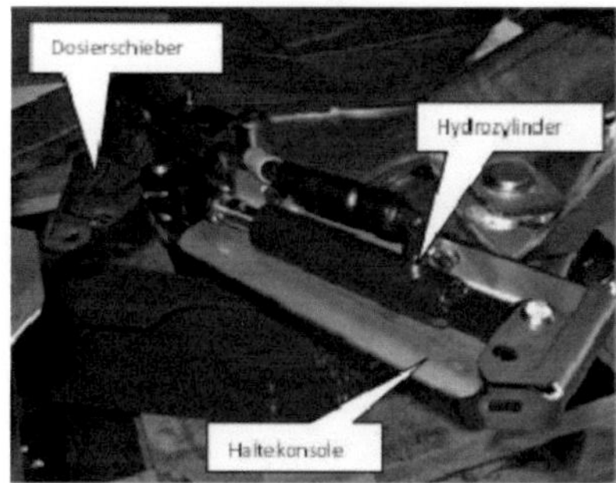

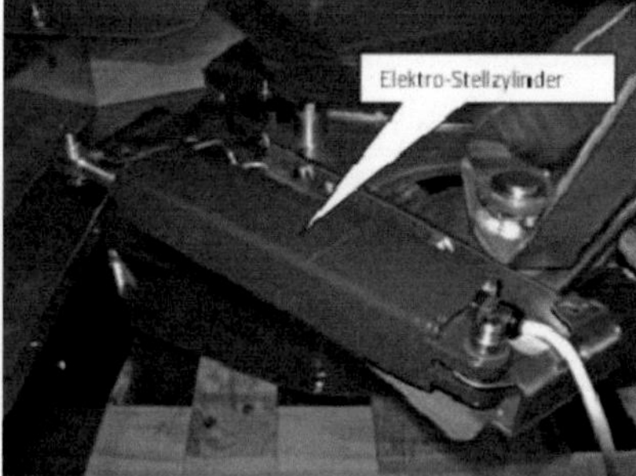

Abb. 2: Gegenüberstellung Dosierfunktion hydraulisch und elektrisch

Die elektrische Antriebslösung bietet eine Positioniergenauigkeit von <0.5mm bei überschaubarem technischen Aufwand und Kosten. Durch die direkte Ansteuerung mit der elektronischen Steuerung auf der Maschine über Motorbrücken und dem Zurücklesen des Positionssignals, kann sehr einfach eine Positions- und Geschwindigkeitsregelung realisiert werden. Mit der Einführung von vollautomatischen Massenstromregelsystemen wurde die Dosierfunktion mit einer Regelgröße beaufschlagt, die eine dynamische und präzise Stellbewegung erfordert, um Änderungen im Fließverhalten schnell ausregeln zu können.

Ein wesentlicher Nachteil der 12V Elektro-Stellzylinder gegenüber der Hydraulik war in der Einführungsphase die geringere Robustheit unter den rauen Einsatzbedingungen am Düngerstreuer mit korrosiven Medien und Staub. Tritt Feuchtigkeit in Verbindung mit Düngerstaub in das Gehäuse des

Elektro-Stellzylinders ein, folgt schon nach kurzer Zeit ein korrosionsbedingter Ausfall von Elektromotor, Wegmesssystem oder Kontaktstellen. Vor allem durch die Weiterentwicklung der Dichtigkeit – heutige Komponenten entsprechen der Schutzklasse IP69k – konnte die Ausfallhäufigkeit stark reduziert und damit die Störanfälligkeit deutlich verbessert werden.

Eine vergleichbare Funktion zur Positionsregelung mit Hydraulikzylindern wäre technisch machbar. Aufgrund der höheren Kosten dieser Lösung, bestehend aus Hydraulikzylinder mit externem Wegmesssystem und einem zusätzlichen Ventilsteuerblock mit Proportionaltechnik, wurde dies aber beim Anwendungsfall Düngerstreuer trotz der robusten Technik bisher nicht umgesetzt.

Zukünftig werden die Anforderungen hinsichtlich der Positionierdynamik noch steigen, da aufgrund der Einführung der GPS gesteuerten Teilbreitenschaltung beim Düngerstreuer, vor allem beim Keilstreuen mit hoher Fahrgeschwindigkeit die Dosieröffnung schnell in ihrer Größer angepasst werden muss. Am Beispiel einer 8-fachen Teilbreitenschaltung bei 32m Arbeitsbreite kann dies gut verdeutlicht werden (Abbildung 3).

Hierbei wird die Arbeitsbreite in einzelne Teilbreiten von jeweils 4m aufgeteilt und jeder Teilbreitenveränderung eine proportionale Mengenreduzierung zugeordnet. Fährt der Anwender mit 20km/h durch einen Keilbereich mit 30° bleiben 6.9m oder 1.2s um die Arbeitsbreite anzupassen und somit die Menge um 25% zu reduzieren.

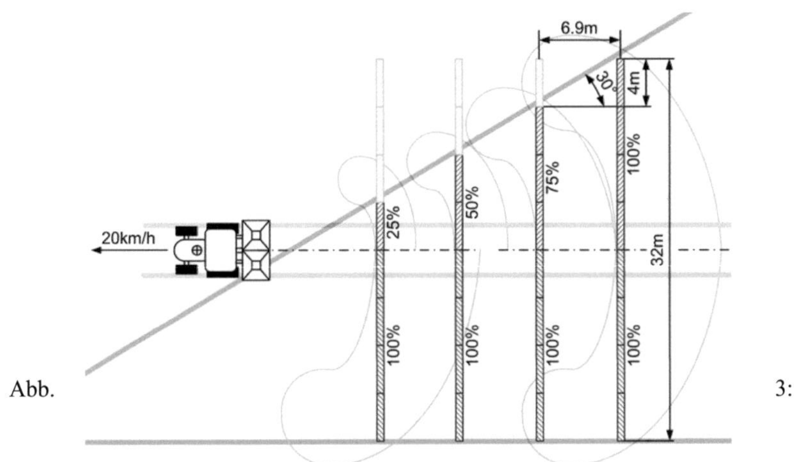

Abb. 3:

Abstände beim Einsatz Teilbreitenschaltung

2.2 Rührwerksantrieb

Der Antrieb des Rührwerks beim Düngerstreuer war traditionell mit mechanischen Elementen gelöst. Direkt von der Zapfwelle mittels Exzenterhebel und Freilauf konnte ein großes Übersetzungsverhältnis erreicht werden, um das Rührwerk im Behälter düngerschonend mit einer niedrigen Drehzahl $<20\text{min}^{-1}$ zu betreiben. Doch selbst bei dieser niedrigen Drehzahl kommt es bei geschlossenem Dosierschieber zu Mahleffekten und es entsteht Düngerstaub, der sich nur schlecht Verteilen lässt bzw. zu Verstopfungen führen kann. Dies resultierte in der Anforderung nach einem abschaltbaren Rührwerksantrieb der sich mittels Hydraulikmotor und Schaltventil sehr einfach und zuverlässig umsetzen lässt. Aufgrund der hohen Anlaufmomente, die am Rührwerk bei feuchtem oder verdichtetem Dünger erforderlich sind, musste der Hydraulikmotor für den Nennbetrieb stark überdimensioniert werden. Dadurch wird der Hydraulikmotor im Normalbetrieb in einem sehr ungünstigen Betriebspunkt gefahren, was zu großen Nachteilen bei der Energieeffizienz des Antriebs führt.

Durch die höhere Leistungsfähigkeit der 12V-Bordnetze bei heutigen Traktoren – ein mit ISOBUS ausgestatteter Traktor muss an der Normsteckdose 60A liefern können – war die Möglichkeit gegeben auch den Rührwerksantrieb über 12V Technik anzutreiben. Um die hohen Anlaufmomente am Rührwerk bei der geringen Leistungsdichte der 12V Gleichstrommotoren zu realisieren, wird der Antrieb mit Planetengetriebe und Exzenter bei einem Übersetzungsverhältnis von i>200 stark untersetzt (Abbildung 4).

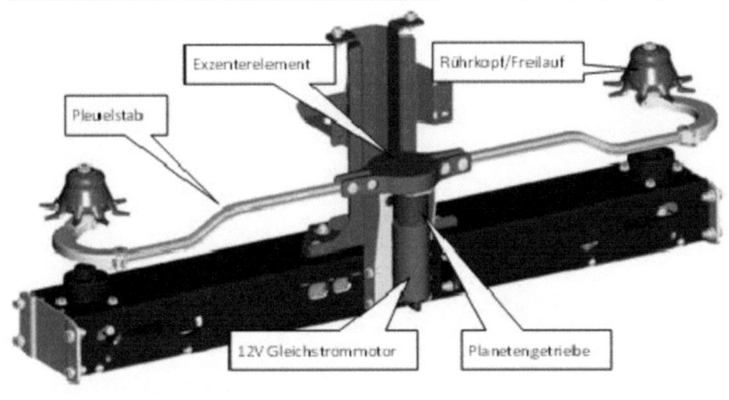

Abb. 4: Rührwerk mit elektrischem Antriebspfad

Darüber hinaus bietet der Gleichstrommotor aufgrund seiner Kennlinie mit steigendem Moment bei geringerer Drehzahl in Bezug auf das Anlaufverhalten günstige Rahmenbedingungen.

Aufgrund der hohen Integrationsdichte elektrischer Antriebssysteme kann an dieser Stelle sehr einfach eine Überlasterkennung und -abschaltung realisiert werden. Mit Hilfe der integrierten Strommessung wird ein untypischer Kraftbedarf sofort erkannt, der Antrieb ausgeschaltet und der Benutzer über die Störung informiert.

2.3 Funktionen zur Einstellung der Verteilung

Zur Einstellung der Verteilung in Bezug auf Arbeitsbreite und Düngereigenschaften wurden über viele Jahre Systeme zur Verstellung des Wurfflügels in seiner Winkellage und Länge eingesetzt. Diese einfachen und flexiblen Systeme bieten umfangreiche Einstellmöglichkeiten, um die Verteilung anzupassen und finden auch heute noch bei kostengünstigen Einstiegsmaschinen Verwendung. Um den gestiegenen Anforderungen an Bedienkomfort und daraus abgeleitet Automatisierungsmöglichkeiten gerecht zu werden, wurden Aufgabepunktverstellsysteme entwickelt, bei denen der Auf- bzw. Übergabepunkt des Düngers in den Wurfflügel fernbedient verändert werden kann. Bei den ersten Systemen dieser Art wurden hierbei Hydraulikzylinder mit mechanisch verstellbarem Anschlag genutzt. So konnte nach manueller Voreinstellung fernbedient über den Hydraulikzylinder der Aufgabepunkt zwischen zwei Positionen verändert werden.

Bei heutigen High-End Düngerstreuern wird die Verstellung des Aufgabepunkts stufenlos über Elektro-Stellzylinder mit integriertem Wegmesssystem realisiert (Abbildung 5).

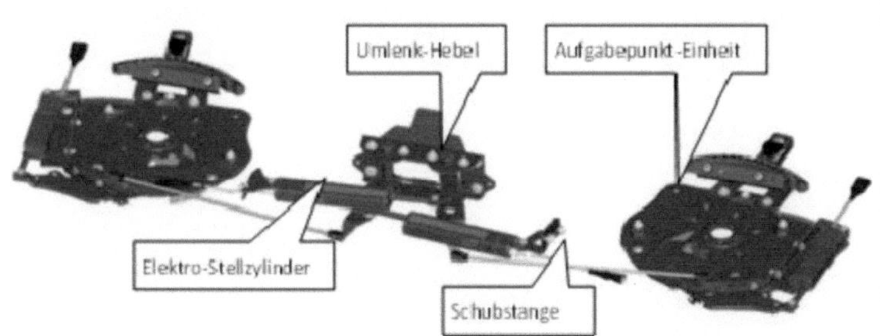

Abb. 5: Aufgabepunktverstellung mit Elektro-Stellzylinder

Somit kann jede beliebige Einstellung mit hohem Komfort fernbedient realisiert werden, ohne dass der Benutzer direkt an der Maschine einen Eingriff vornehmen muss. Durch die höheren erforderlichen Stellkräfte und die Grenzen der verfügbaren elektrischen Leistung beim 12V-Bordnetz des Traktors musste ein Kompromiss zwischen Stellkraft und Verstellgeschwindigkeit gefunden werden.

Als Besonderheit kommen für diese Anwendung darüber hinaus intelligente Aktuatoren zum Einsatz. Diese verfügen über eine integrierte Motorbrücke, Wegmesssystem und einen Mikrocontroller mit Bussystem (LINBUS) der selbständig die Positionsregelung übernimmt und über das Bussystem nur die Sollposition vorgegeben bekommt. Dadurch kann die zentrale Maschinensteuerung entlastet und schlank gehalten werden.

Als zweite Möglichkeit zur Beeinflussung der Verteilung steht die Drehzahlveränderung der Streuscheibe zur Verfügung. Bei den ersten hydraulisch angetriebenen Düngerstreuern konnte bereits über ein einfaches Stromregelventil der Ölvolumenstrom und somit die Scheibendrehzahl eingestellt werden.

In der Folge wurde dies mit dem Einsatz von elektronischen Steuerungen unter Verwendung von elektrisch ansteuerbaren Proportionalventilen und der Integration einer Drehzahlerfassung an der Wurfscheibe zum Drehzahlregelkreis ausgebaut und hat sich heute am Markt etabliert. Um die nötige Antriebsleistung von ca.10kW je Streuscheibe zu erzielen, wird ein Zahnradmotor mit 15cm³ Schluckvolumen mit einem Winkelgetriebe mit der Übersetzung i=2:1 kombiniert (Abbildung 6).

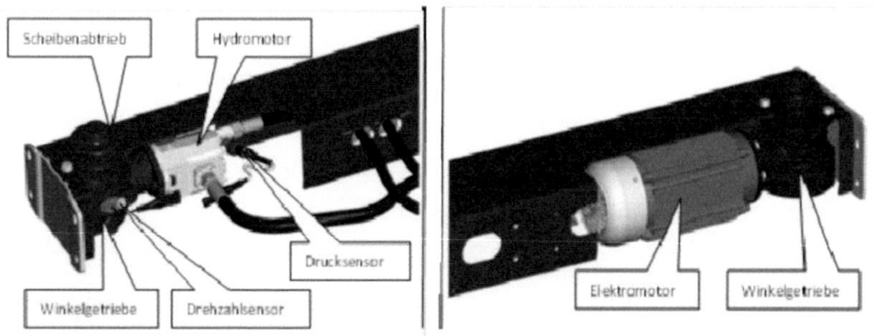

Abb. 6: Gegenüberstellung Scheibenantrieb hydraulisch und elektrisch

Durch das Winkelgetriebe kann der Hydromotor über den gesamten Einsatzbereich mit relativ hoher Drehzahl und damit in einem günstigeren Wirkungsgradbereich betrieben werden. Weiterhin kann die Lagerung der Wurfscheibe im Getriebe sehr robust ausgeführt werden, um eine mögliche Unwucht und Lastschwankungen am Abtrieb aufzunehmen.

Gerade auch in Verbindung mit GPS gesteuerten Teilbreitenschaltungen bietet die Kombination aus Aufgabepunktverstellung und Drehzahlveränderung an der Wurfscheibe eine optimale Anpassbarkeit der Streuverteilung bei Veränderung der Arbeitsbreite. Wie schon bei den Ausführungen zur Mengenanpassung dargelegt, steht für die Anpassung der Verteilung während der Feldfahrt nur wenig Zeit zur Verfügung. Da für die Einstellung des Aufgabepunktes nur kleine Wege erforderlich sind, kann die notwendige Verstellgeschwindigkeit schon mit den verfügbaren Elektro-Stellzylindern in 12V Technologie erreicht werden. Aufgrund der großen Massenträgheit der Streuscheiben und des dazugehörigen Antriebs ist die Veränderung der Scheibendrehzahl im Bereich $<1s$ mit hydraulischen Antrieben nur schwierig zu erreichen.

Hier spielen die elektrischen Hochvoltantriebe ihre Vorteile aus. Beim Düngerstreuer wird eine permanenterregte Synchronmaschine in Kombination mit einem traktorseitigen Frequenzumrichter eingesetzt. Dieses

System bietet ein Optimum aus Antriebsleistung, Drehzahlgenauigkeit und anbaugeräteseitig erforderlicher Baugröße.

Die Motorleistung beträgt bei einer Nenndrehzahl von $5000\,\text{min}^{-1}$ ca.10kW. Um den Anforderungen des Dünger-Verteilprozesses gerecht zu werden, wird an die E-Maschine ein Winkelgetriebe mit einer relativ großen Übersetzung von i=5.5:1 angebaut (Abbildung 6). Dieses Antriebssystem bietet beim Betrieb mit variablen Wurfscheibendrehzahlen einen gegenüber dem hydraulischen Antrieb hohen und über den gesamten Drehzahlbereich konstanten Wirkungsgrad.

3 Möglichkeiten und Grenzen der verschiedenen Antriebsysteme

Im nachfolgenden Kapitel werden für die hydraulischen und elektrischen Antriebsenergien aufgegliedert nach Dreh- und Stellantrieben die Einsatzmöglichkeiten und technischen Grenzen diskutiert.

3.1 Hydraulische Stellantriebe

Hydraulische Stellantriebe haben eine sehr große Verbreitung bei landwirtschaftlichen Anbaugeräten erlangt und werden vor allem dort eingesetzt wo es auf hohe Stellkräfte bei kompakten Abmessungen ankommt. Diese sehr robusten Komponenten kommen aber an ihre Grenzen, wenn eine Positions- oder Geschwindigkeitsregelung erforderlich wird. In die Zylinder integrierte Wegmesssysteme als Rückmeldung für die Regelung sind immer noch recht kostenintensiv und konnten noch keine große Verbreitung erlangen. Extern angeordnete Wegmesssysteme z.B. mit Drehgebern und Seilzügen mindern die Robustheit des hydraulischen Antriebssystems, da sie in den rauen Umgebungsbedingungen doch recht störanfällig sind. Darüber hinaus ist die Positionsregelung mit Proportionalventilen gerade bei kleinen

Hydraulikzylindern, aufgrund der geringen Volumenströme und dem Stick-Slip Effekt, nur recht aufwändig und schwierig zu realisieren.

3.2 Hydraulische Drehantriebe

Auch die rotatorischen hydraulischen Drehantriebe werden aufgrund ihrer hohen Leistungsdichte sehr verbreitet eingesetzt. Werden Hydromotoren in einem für die Anwendung optimal ausgelegten Nennbetriebspunkt betrieben, können hohe Wirkungsgrade erreicht werden. Gerade kostengünstige Außenzahnradmotoren haben ein Kennfeld bei dem sich der Wirkungsgrad über Last und Drehzahl stark verändert und müssen auf die Anwendung abgestimmt werden (Abbildung 7).

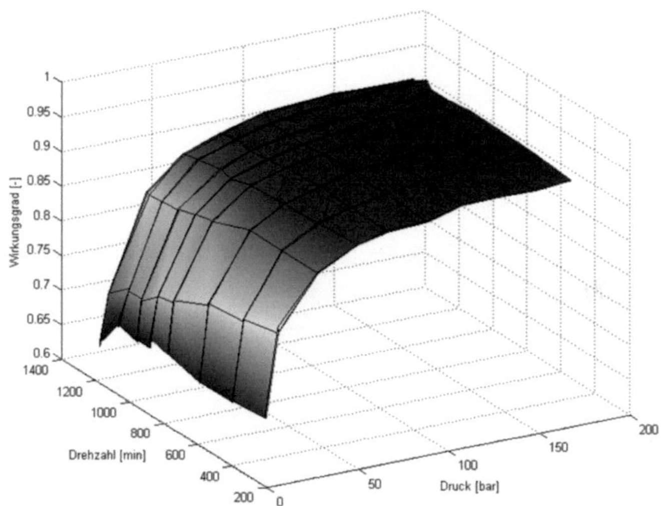

Abb. 7: Typisches Wirkungsgrad-Kennfeld 15cm³ Außenzahnradmotor bei 50°C

Um die Effizienz der hydraulischen Gesamtsysteme zu erhöhen, bringen mittlerweile viele Traktoren im mittleren und oberen Leistungsbereich Load-

Sensing Systeme mit. Dies ist vorteilhaft um die Energieeffizienz zu erhöhen, bedeutet aber durch die Überlagerung eines weiteren Regelkreises eine deutlich schwierigere Abstimmung des hydraulischen Gesamtsystems. Unter energetischen Gesichtspunkten wird weiterhin bei der Auslegung des Antriebs versucht die Drosselverluste möglichst gering zu halten was gleichzeitig dazu führt, dass eine Regelung der Drehzahl durch den Einquadrantenbetrieb sehr schwierig abzustimmen ist.

3.3 Elektrische 12V-Stellantriebe

Durch ihren einfachen Aufbau und Regelbarkeit bieten 12V-Stellantriebe viele Einsatzmöglichkeiten. Allerdings muss bei der Auslegung auf die Anwendung immer ein Kompromiss zwischen Stellkräften und Geschwindigkeit gefunden werden, da die verfügbare elektrische Leistung traktorseitig begrenzt ist. Eine Stromaufnahme >40A vom Anbaugerät sollte vermieden werden, wodurch sich eine theoretische Grenze von ca.500W ergibt.

Am Beispiel der weitverbreiteten Elektro-Stellzylinder sind in Abbildung 8 die Kennlinien von Komponenten mit unterschiedlicher Stellkraft und den darauf resultierenden Hubgeschwindigkeiten aufgeführt - bei ähnlicher Stromaufnahme können die höheren Stellkräfte nur durch Reduzierung der Hubgeschwindigkeit erreicht werden.

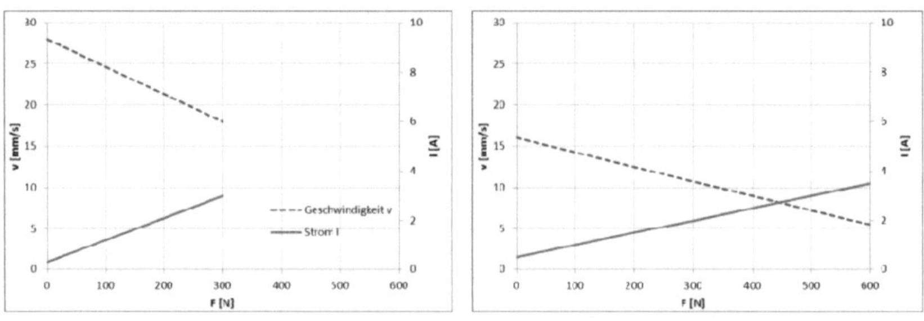

Abb. 8: F/v-Diagramm für Elektro-Stellzylinder mit 300N/600N Nennkraft

Eine weitere Besonderheit der Elektro-Stellzylinder ist die Selbsthaltung durch den Spindelantrieb, die bei Stromabschaltung zur Beibehaltung der Position führt. Gerade unter Sicherheitsgesichtspunkten kann dies je nach Anwendung ein großer Vorteil sein, da es bei Stromausfall nicht zu unvorhergesehenen Bewegungen kommen kann.

3.4 Elektrische 12V-Drehantriebe

Obwohl 12V Drehantriebe neben der Düngerstreueranwendung auch bei verschiedenen landtechnischen Anwendungen z.B. Dosierantrieb Sämaschine schon eine weite Verbreitung gefunden haben, liegt die hauptsächliche Einschränkung in der zur Verfügung stehenden elektrischen Leistung.

Natürlich wird auch die Verteilung der elektrischen Leistung bei sehr hohen Stromstärken zunehmend schwierig und die Kosten für die Energieverteilung steigen.

3.5 Elektrische Hochvolt-Drehantriebe

Die elektrischen Hochvolt-Drehantriebe bieten gegenüber hydraulischen Drehantrieben wesentliche Vorteile hinsichtlich Energieeffizienz und Drehzahldynamik. In Abbildung 9 sind typische Sprungantworten von hydraulischem und elektrischem Scheibenantrieb des Düngerstreuers, wie sie starker Drehzahländerung vorkommen, gegenübergestellt. Hier sind die um den Faktor 10 kürzeren Einregelzeiten deutlich zu erkennen. In Abbildung 10 sind die deutlich besseren Systemwirkungsgrade beim Einsatz elektrischer im Vergleich zu hydraulischen und mechanischen Antriebsystemen dargestellt.

Trotz dieser vielfältigen Vorteile gilt es auch noch einige technische und wirtschaftliche Einschränkungen zu überwinden, bevor sie auch im landwirtschaftlichen Umfeld im größeren Umfang Einzug halten werden. Hierzu müssen im ersten Schritt auf die verschiedenen Anwendungsfälle zugeschnittene elektrische Antriebskomponenten in einem Baukastensystem verfügbar gemacht werden, die heute noch nicht zu wettbewerbsfähigen Kosten angeboten werden können. Eine weitere Anforderung, um hydraulische durch elektrische Antriebskomponenten abzulösen, liegt in den zur Verfügung stehenden Bauräumen. Um mit elektrischen Antrieben in ähnliche Bereiche der Leistungsdichte wie von der Hydraulik bekannt vorzustoßen, müssen die Elektromotoren mit sehr hoher Drehzahl betrieben werden und eine Untersetzung mittels Getriebe erfolgen.

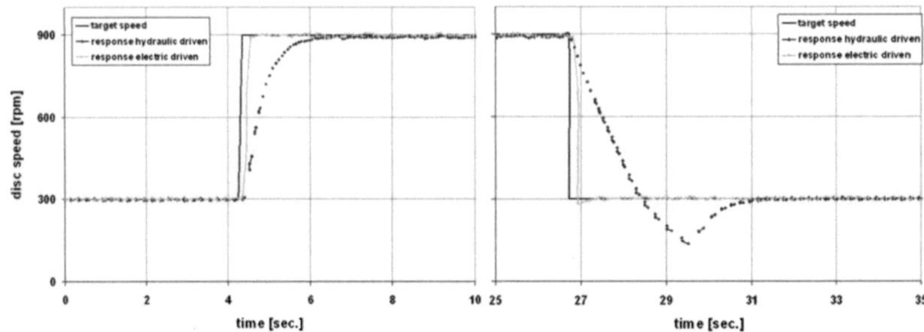

Abb. 9: Sprungantworten von hydraulischem und elektrischem Streuscheibenantrieb [1]

Weiterhin gilt es auch die Akzeptanz für Hochvoltsysteme bei den Endanwendern vorzubereiten, wozu neben einem zuverlässigen Sicherheitskonzept auch die Möglichkeiten zur Wartung und einfachem Austausch der Komponenten geschaffen werden muss.

Ein weiterer Punkt, der noch zu Einschränkungen bei den Einsatzmöglichkeiten elektrischer Antriebe führen kann, ist die lokale Kühlung. Eine Kühlung die rein auf freier oder erzwungener Konvektion basiert ist bei Motoren kleiner Leistung noch denkbar, aber gerade bei Motoren größerer Leistung (>15 kW) und Dauerbetrieb wird man an einer Flüssigkeitskühlung kaum vorbeikommen. Darüber hinaus ist in stark staubbelasteten Umgebungen bei der Kühlung über die Oberfläche der Maschine zu berücksichtigen, dass der Wärmeübergang bei

Staubablagerungen im Betrieb deutlich verschlechtert wird und entsprechende Reserven vorzuhalten sind.

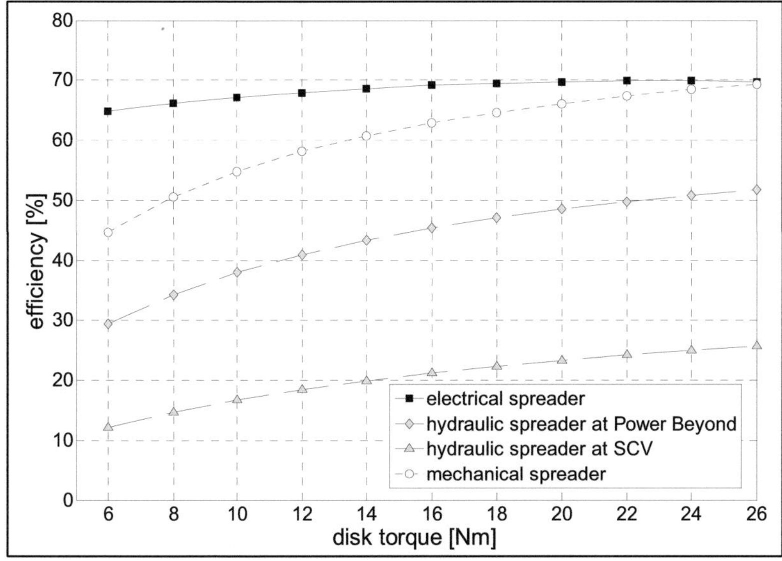

Abb. 10: Vergleich Wirkungsgradkennlinien verschiedener Antriebssysteme

4 Zusammenfassung und Bewertung der Antriebssysteme

Die nachfolgend aufgeführten Antriebssysteme wurden an der Leistungsschnittstelle zwischen Anbaugerät und Traktor in der Vergangenheit eingesetzt und sind mit den dargestellten Eigenschaften heute schon verfügbar [3]

Mechanische Antriebe: Zapfwellenantrieb

- festes, nicht-regelbares Drehzahlverhältnis zur Traktormotordrehzahl
- schwierige und aufwändige Leistungsverzweigung auf komplexen Arbeitsgeräten

- hohe Leistungsdichte und Robustheit,
- sehr guter Wirkungsgrad

Hydraulische Antriebe

- ungünstige Energieeffizienz bei rotatorischen Antrieben,
- hohe Öltemperaturen
- zu kleine Leitungsquerschnitte für hohe Ölströme (>100 l/min)
- Ölverluste beim Koppeln der Anschlüsse
- verschiedene Drücke und Volumenströme pro Traktor,
- hohe Kraftdichte, günstige Leistungsverzweigung,
- gute Drehzahlregelung von Motoren,
- Wirkungsgrade gut in einzelnen Arbeitspunkten

Elektrische Antriebe

- Bisher nur kleine Leistungen <500W verfügbar
- gute Regelbarkeit,
- gute Wirkungsgrade über weite Arbeitsbereiche,
- einfache Leistungsverteilung

Bei der Bewertung ist ganz klar festzuhalten, dass die Auslegung des Antriebssystems in enger Abstimmung mit den jeweiligen Anforderungen der Anwendung erfolgen sollte und bei sinnvoller Auswahl der Antriebsenergie zu optimal zugeschnittene Antriebslösungen führen kann. Dabei sind auch bei modernen Landmaschinen immer noch mechanische, hydraulische und elektrische Antriebslösungen denkbar.

Am Beispiel der Entwicklung von Zweischeibendüngerstreuern kann man bei Stellantrieben kleiner Leistung einen klaren Trend erkennen, bei dem sich diese von hydraulischen hin zu elektrischen Antrieben verlagert haben. Vor allem wenn mit geringer Einschaltdauer und Teillastbetrieb gearbeitet wird, spielen die elektrischen Stellantriebe ihre Vorteile aus. Bei großen Stellkräften sind aber die hydraulischen Stellzylinder immer noch konkurrenzlos.

Trotz aller Anstrengungen beim Einsatz hydraulischer Antriebssysteme bei Landmaschinen konnten noch nicht alle Potentiale zur Optimierung ausgenutzt werden. Insbesondere im Zusammenspiel mit modernen

Mikrocontrollern bestehen noch weitere Verbesserungsmöglichkeiten, um gut regelbare und robuste Gesamtsysteme zu realisieren. Daneben bietet die Elektrifizierung bei leistungsstarken Drehantrieben mit Hochvoltsystemen einige interessante Vorteile, denen jedoch noch zu überwindende Nachteile gegenüberstehen.

5 Ausblick

Um die Arbeitsproduktivität beim Düngerstreuer zukünftig weiter zu erhöhen, müssen neue Wege beschritten werden, da man mit 50m Arbeitsbreite an den physikalischen Grenzen angekommen ist. Durch die Analyse der Arbeitsprozesse im Kontext der Gesamtfeldbetrachtung sind jedoch noch erhebliche Verbesserungen in Bezug auf Ertrag, Düngeraufwand und Umweltbelastungen möglich.

In den kommenden Jahren sind vor allem im Bereich der Automatisierung noch einige Weiterentwicklungen bis hin zum komplett selbstüberwachenden und selbsteinstellenden Düngerstreuer zu erwarten. Außerdem werden durch die weitere Verbreitung von regelbaren Antriebsystemen in Form hydraulischer Antriebstechnik oder auch durch die Einführung von elektrischen Antrieben die Möglichkeiten geschaffen, die Maschinen in all ihren Funktionen durch die elektronischen Steuerungen situations-abhängig einzustellen.

Um im Kontext der Feldposition bei hohen Fahrgeschwindigkeiten die Antriebe des Düngerstreuers optimal auf die erforderlichen Maschinen-parameter einzustellen, ist zukünftig eine noch höhere Dynamik erforderlich, die nur durch weitere Optimierung der Antriebe erreicht werden kann.

Literaturverzeichnis

[1]   V. Stöcklin: *Automatisierungssysteme auf Basis der Drehmomentmessung zur Massenstromregelung bei Düngerstreuern, Vortrag Mobile Machines Tagung 2011*

[2]   K. Hahn: *Einsatzmöglichkeiten elektrischer Antriebe für landwirtschaftliche Maschinenkombinationen, Dissertation Universität Hohenheim 2010*

[3]   N. Rauch: *Potentiale elektrisch angetriebener Arbeitsgeräte - Erfahrungen und Visionen, Vortrag LTU Bamberg elektrische Antriebe 2011*

Untersuchung des Rekuperationspotenzials eines Mehrverbrauchersystems anhand des Einsatzprofils eines Teleskopladers

Dipl.-Ing. Lennart Roos, Prof. Dr.-Ing. Thorsten Lang

Technische Universität Braunschweig, Institut für mobile Maschinen und Nutzfahrzeuge, 38106 Braunschweig, Deutschland

Dipl.-Ing. Philip Nagel, Prof. Dr.-Ing. Marcus Geimer

Karlsruher Institut für Technologie, Institut für Fahrzeugsystemtechnik, Lehrstuhl für Mobile Arbeitsmaschinen, 76131 Karlsruhe, Deutschland

Kurzfassung

Teleskoplader verfügen häufig über einen hydrostatischen Fahrantrieb und eine Arbeitshydraulik und stellen somit ein Mehrverbrauchersystem dar, dessen periodisches Einsatzprofil die Möglichkeit der Energierückgewinnung bietet. Im Beitrag werden solche Leistungszyklen vorgestellt und anhand eines Beispielzyklus das Rekuperationspotenzial diskutiert. Es wird eine Methode vorgestellt, wie das technisch umsetzbare Rekuperationspotenzial schrittweise angenähert werden kann. Ausgehend von allgemeinen energetischen Betrachtungen für Energieaufnahme und –abgabe werden letztlich die Druckniveaus der Verbraucher berücksichtigt, was für Widerstandsteuerungen entscheidend ist.

Stichworte

Teleskoplader, Zyklus, Rekuperation, Leistungsfluss, Energie

1 Einleitung und Hintergrund

Antriebssysteme, die eine Rekuperation der in ein System eingebrachten Energie ermöglichen, versprechen Potenzial zur Steigerung der Effizienz mobiler Arbeitsmaschinen.

Der Großteil am Markt erhältlicher mobilen Arbeitsmaschinen wandelt die zurückgewinnbare Energie hydraulischer Aktuatoren bei aktiven Lasten und Bremsvorgängen an Drosselstellen in Wärme um. Dadurch stehen diese Energiemengen dem System nicht mehr zur Verfügung, so dass Primärenergie bereitgestellt werden muss. Kombinierte Gesamtsysteme, die eine Energierückgewinnung aus der Fahr- und Arbeitshydraulik ermöglichen, stellen aufgrund möglicher Synergieeffekte weitere Effizienzsteigerungen in Aussicht. Neben einer möglichen Effizienzsteigerung ist Energierückgewinnung auch vor dem Hintergrund verschärfter Emissionsvorschriften bei Applikationen mit häufigen Beschleunigungs- und Bremsvorgängen attraktiv. Weist ein Einsatzprofil zudem Hub- und Senkvorgänge von nennenswerten Massen auf, kann nicht nur kinetische, sondern auch potentielle Energie zurückgewonnen werden. Ein solches Profil besitzt ein Teleskoplader im Umschlagbetrieb, weshalb dieser Maschinentyp Gegenstand der nachfolgenden Untersuchungen ist.

Soll für diesen Maschinentyp eine rekuperationsfähige Gesamtarchitektur entwickelt werden, stellt sich für ein hydraulisches Mehrverbrauchersystem die Frage, zwischen welchen Aktuatoren die zurückgewonnene Energie fließen sollte und ob eine Energiezwischenspeicherung (Hybridisierung des Antriebsstrangs) überhaupt sinnvoll ist.

Diese Thematik wird im Rahmen des industriellen Gemeinschaftsforschungsprojekts „Antriebsstrang mit Energierückgewinnung: Entwicklungsmethodik und Betriebsstrategien für mobile Arbeitsmaschinen" untersucht [1]. In diesem Forschungsvorhaben wird eine Methodik erarbeitet, die den Entwicklungsprozess von rekuperationsfähigen Gesamtarchitekturen beschreibt und unterstützt. Parallel dazu wird ein rekuperationsfähiges Gesamthydrauliksystem für den Teleskoplader erarbeitet und umgesetzt.

Im Folgenden wird anhand eines gemessenen Leistungszyklus eines Teleskopladers gezeigt, wie schrittweise das technisch umsetzbare Rekuperationspotenzial eines hydraulischen Mehrverbrauchersystems angenähert werden kann.

2 Versuchsmaschine

Als Versuchsträger dient ein CLAAS Scorpion 7040, der von einem 4 Zylinder Dieselmotor mit 100 kW angetrieben wird. Die Maschine verfügt über einen permanenten Allradantrieb, dessen hydrostatisches Getriebe automotiv gesteuert wird. In einem ersten Fahrbereich ist Allradlenkung möglich, in einem zweiten lediglich eine Achsschenkellenkung der Vorderachse. Beim Arbeitshydrauliksystem handelt es sich um ein konventionelles hydraulisch-mechanisches CC-LS-System mit nachgeschalteten Druckwaagen, welches im Wesentlichen die Differentialzylinder der Hub-, Kipp- und Teleskopierfunktion versorgt. In der aktuellen Konfiguration ist dieses System nicht rekuperationsfähig. Eine Konstantpumpe dient der Einspeisung des Fahrantriebs, dem Lüfterantrieb und versorgt diverse Aktuatoren mit Steuerdruck. Weitere hydraulische Verbraucher oder Funktionen bleiben nachfolgend unberücksichtigt.

Abb. 1: Ein CLAAS Scorpion 7040 dient als Versuchsträger

3 Arbeitsaufgaben und Leistungszyklen

Das Einsatzprofil einer Applikation ist für den gesamten Entwicklungsprozess einer Maschine von entscheidender Bedeutung. Die Kenntnis über Potential- und Stromgrößen von Verbrauchern oder Teilsystemen in Abhängigkeit der Einsatzzeit ist von der Konzeptionierungsphase der Systemarchitektur sowie deren Ansteuerung bis zur konkreten Bauteildimensionierung essentiell. Zu unterscheiden ist jedoch zwischen der systemtechnischen Betrachtungsweise, bei welcher die Leistungs- oder Energieflüsse im Fokus stehen, und der Sichtweise bei Festigkeitsberechnungen. Dort wird häufig von „Lastkollektiv" oder „Lastzyklus" gesprochen, da die Potentialgrößen bei der Dimensionierung im Vordergrund stehen.

Für das oben beschriebene Projekt ist aufgrund der systemtechnischen Betrachtungsweise der hydraulische Leistungsfluss der Aktuatoren in Form von Druck und Volumenstrom interessant. Nachfolgend wird daher von Leistungsprofil, für periodische Arbeitsaufgaben von Leistungszyklus, gesprochen. Für die zu beantwortenden Fragestellungen ist es notwendig, dass die Druck-Volumenstrom-Daten der relevanten Aktuatoren für ein Profil synchron vorliegen. Derartige Informationen sind in der Literatur nicht zu finden und anhand von Herstellerinformationen nicht ermittelbar. Rüther [2] und Huber [3] beschreiben zwar das Aufgabenspektrum für landwirtschaftlich genutzte Teleskoplader sowie Zeitanteile der einzelnen Aufgaben (s. Abbildung 2), es finden sich jedoch keine geeigneten Angaben zu hydraulischen Leistungsverläufen der Verbraucher.

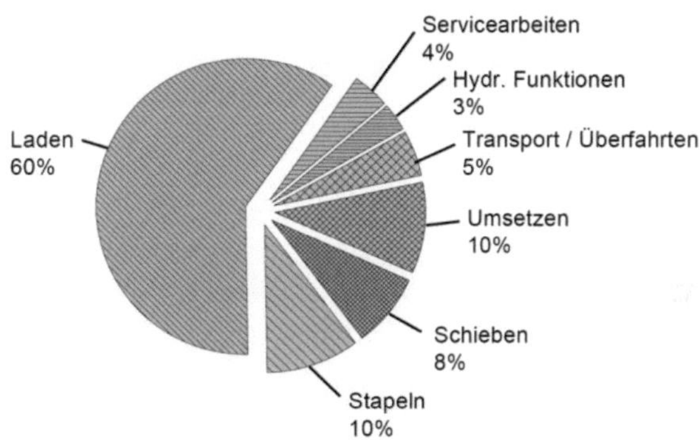

Abb. 2: Zeitanteile von Aufgaben eines Teleskopladers in einem deutschen landwirtsch. Betrieb [3]

Die von [3] ermittelten Lastkollektive wurden als Grundlage für Betriebsfestigkeitsberechnungen von Fahrantriebsstrangkomponenten ermittelt und enthalten keine Information zu Arbeitsaggregaten.

In Anlehnung an [3] und erweitert um Szenarien aus dem Baubetrieb wurden zusammen mit Experten eigene Referenzzyklen definiert. Diese vier Zyklen haben *nicht* den Anspruch, ein statistisch abgesichertes, repräsentatives Leistungskollektiv für Teleskoplader abzubilden oder einen standardisierten Zyklus zu ermitteln, wie es bspw. von Deiters [4] beschrieben wird. Ziel ist es stattdessen, realistische hydraulische Leistungsgrößen für die Arbeits- und Fahrhydraulik zu ermitteln, die als Datenbasis für die Erarbeitung von Hard- und Softwarekonzepten als Beispiel dienen können. Aus diesem Grunde wurden konkrete Arbeitsaufgaben gewählt, bei denen sowohl am Fahrantrieb als auch an den Arbeitsantrieben passive und aktive Lastfälle auftreten. Die nachstehende Tabelle illustriert die vier gewählten Referenzzyklen.

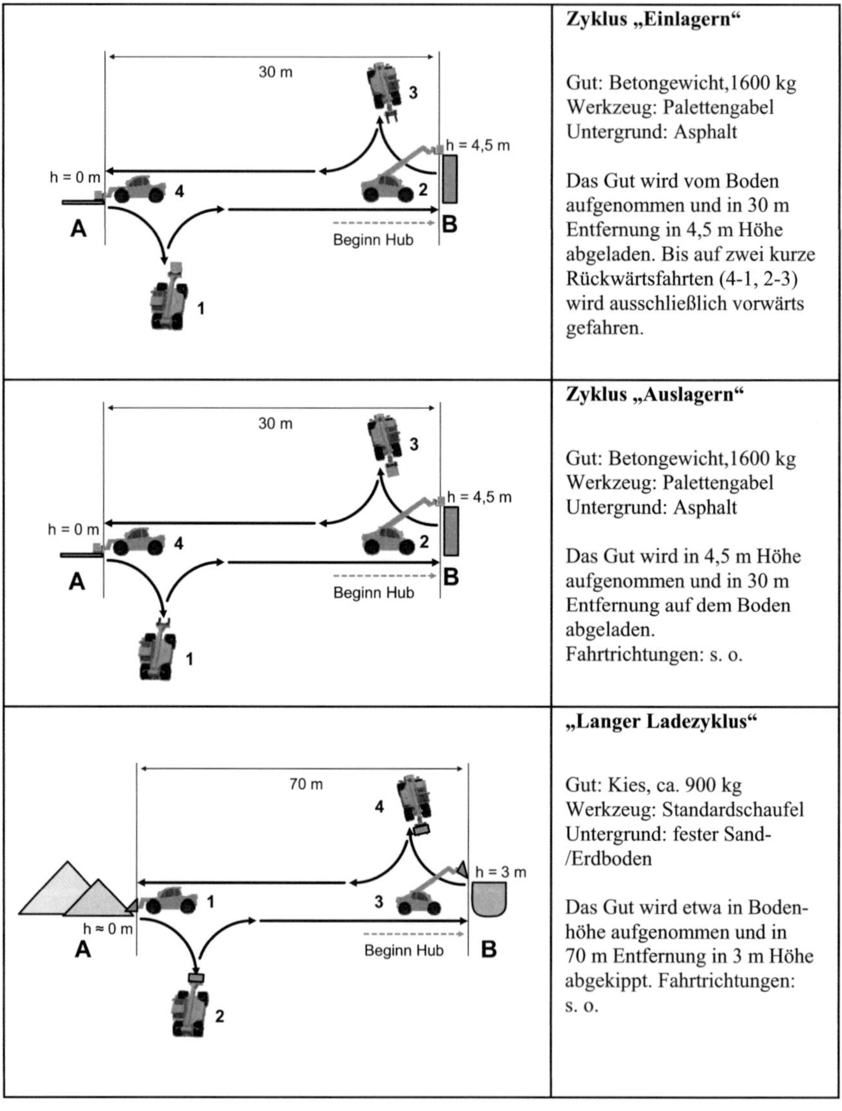

	Zyklus „Einlagern" Gut: Betongewicht,1600 kg Werkzeug: Palettengabel Untergrund: Asphalt Das Gut wird vom Boden aufgenommen und in 30 m Entfernung in 4,5 m Höhe abgeladen. Bis auf zwei kurze Rückwärtsfahrten (4-1, 2-3) wird ausschließlich vorwärts gefahren.
	Zyklus „Auslagern" Gut: Betongewicht,1600 kg Werkzeug: Palettengabel Untergrund: Asphalt Das Gut wird in 4,5 m Höhe aufgenommen und in 30 m Entfernung auf dem Boden abgeladen. Fahrtrichtungen: s. o.
	„Langer Ladezyklus" Gut: Kies, ca. 900 kg Werkzeug: Standardschaufel Untergrund: fester Sand-/Erdboden Das Gut wird etwa in Bodenhöhe aufgenommen und in 70 m Entfernung in 3 m Höhe abgekippt. Fahrtrichtungen: s. o.

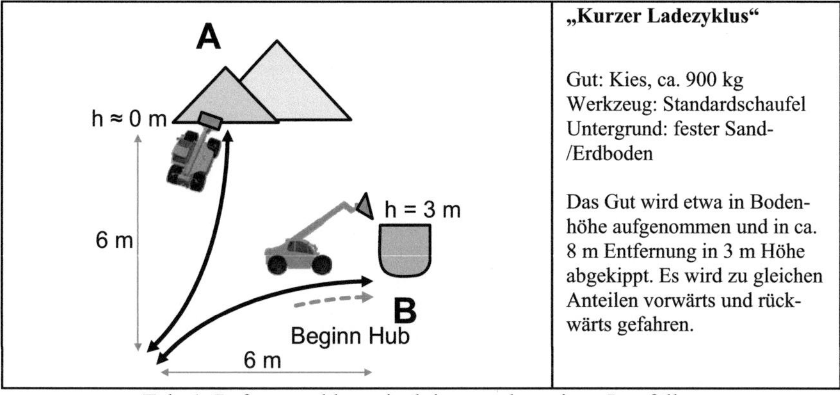

Tab. 1: Referenzzyklen mit aktiven und passiven Lastfällen

Die Referenzzyklen lassen sich den Aufgaben Laden und Stapeln bzw. Umsetzen zuordnen, wodurch nach Abbildung 2 ca. 80 % des Zeitumfangs abgedeckt werden.

Die Messfahrten wurden mit dem nicht modifizierten Versuchsträger durchgeführt, um die gegenwärtigen Systemzustände im Betrieb zu bestimmen. Zur Erfassung des Leistungsflusses an den Aktuatoren wurden Sensoren zur Druck- und Volumenstrommessung installiert. Dabei wurden die Messstellen so dicht wie möglich an den Verbrauchern positioniert, um Einflüsse des übrigen Hydrauliksystems zu minimieren. Folgende Größen wurden aufgenommen:

Fahrantrieb	Druck, beidseitig im geschlossenen Kreis
	Drehzahl, Gelenkwelle
	Drehmoment, vordere u. hintere Gelenkwelle
Hubzylinder	Druck, Ringkammer
	Druck, Kolbenkammer, vor Senkbremsen
	Druck, Kolbenkammer, nach Senkbremsen
	Relativer Weg
Kippzylinder	Druck, Ringkammer
	Druck, Kolbenkammer, vor Senkbremsen
	Druck, Kolbenkammer, nach Senkbremsen
	Relativer Weg
Teleskopzylinder	Druck, Ringkammer
	Druck, Kolbenkammer, vor Senkbremsen
	Druck, Kolbenkammer, nach Senkbremsen
	Relativer Weg
Speise-/Lüfterpumpe	Druck
Dieselmotor	Drehzahl, Kurbelwelle

Tab. 2: Messgrößen zur Bestimmung von Leistungszyklen

Die Volumenströme der Differentialzylinder wurden bewegungsrichtungsabhängig über die Weg- bzw. Geschwindigkeitsinformation berechnet. Der Volumenstrom der Speisepumpe konnte über die Kurbelwellendrehzahl und das konstante Fördervolumen berechnet werden. Weil im geschlossenen Kreis nur Drucksensoren verbaut wurden und Hydrostatenkennfelder nicht vorlagen, wurde auf den Volumenstrom über die Leistungsbilanz anhand der mechanischen Größen an den Gelenkwellen geschlossen. Um an den mit Senkbremsen ausgestatteten Zylindern den Lastdruck zu berechnen, musste das Drucksignal des Kolbenraums mit dem des Ringraums sowie dem Flächenverhältnis von Ring- und Kolbenseite korrigiert werden:

$$p_{Last} = \frac{F_{Last}}{A_{Kolben}} = p_{Kolben} - p_{Ring} \cdot \frac{A_{Ring}}{A_{Kolben}} \qquad [1]$$

Abbildung 3 zeigt exemplarisch die Ergebnisse einer Messfahrt des langen Ladezyklus' mit den zugehörigen Arbeitsphasen. Ist das Produkt aus Druck und Volumenstrom positiv, liegt ein passiver Lastfall (Leistungsaufnahme) vor, andernfalls ein aktiver (Leistungsabgabe).

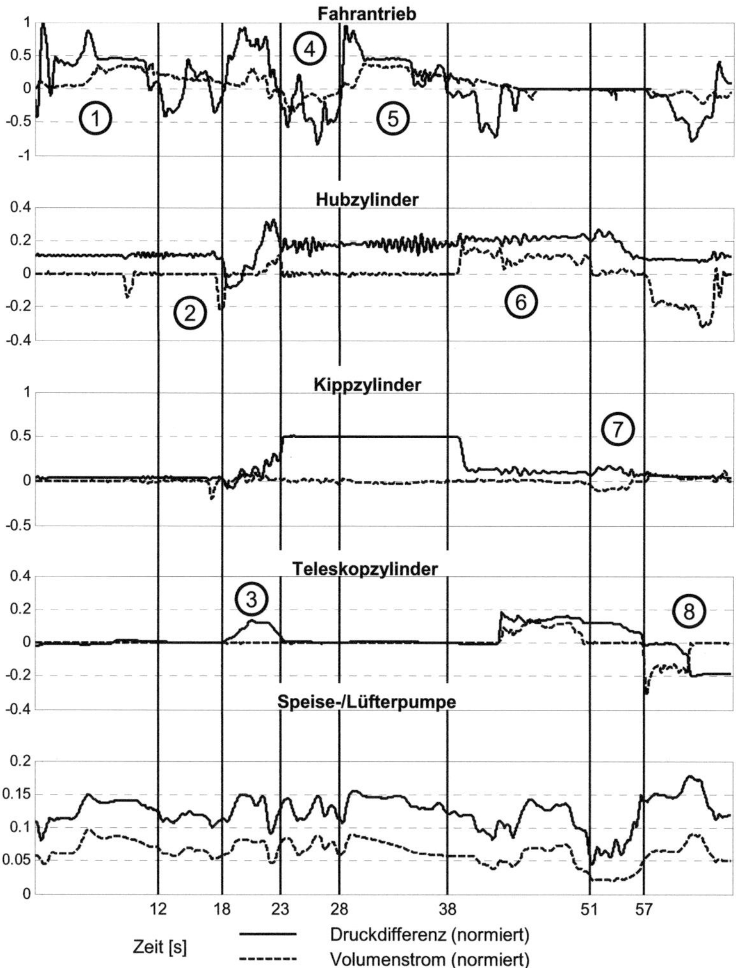

Abb. 3: Hydraulische Leistungsgrößen der Verbraucher für einen langen Ladezyklus

1.Phase: Beschleunigen aus dem Stand mit gesenktem Arm, Vorwärtsfahrt zum Haufwerk (unbeladen)

2. Phase: Abbremsen, Ausrichten von Arm und Schaufel (unbeladen)

3. Phase: Einstechen in das Haufwerk, Korrektur von Arm und Schaufel

4. Phase: Rückwärtsfahrt und Reversiervorgang (beladen)

5. Phase: Vorwärtsfahrt zur Entladestelle (beladen)

6. Phase: Abbremsen, Heben und Ausfahren des Teleskoparms (beladen)

7. Phase: Abkippen des Schüttguts

8. Phase: Rückwärtsfahrt in die Ausgangsposition, Senken und Einfahren des Teleskoparms (unbeladen)

4 Rekuperationspotenzial

Rekuperation in technischen Prozessen bedeutet „Wiedererlangen" oder „Rückgewinnen" von Energie, die bereits in ein System eingebracht wurde. Tritt an einer Systemschnittstelle (meist einem Aktuator) ein aktiver Lastfall auf, so wird Energie frei, die zum Antrieb anderer Aggregate verwendet oder zwischengespeichert werden kann. Alternativ ist die Dissipation in Wärme möglich, welche allerdings keine weitere Nutzung der Energie erlaubt. In hydraulischen Systemen geschieht dies in Form von Widerstandssteuerungen an diversen Drosselstellen.

Werden in einem Profil große Leistungen freigesetzt und/oder geschieht dies über nennenswerte Zeiträume, zeigt sich das Leistungsprofil attraktiv für ein rekuperationsfähiges Konzept, dessen Umsetzung schlussendlich einer wirtschaftlichen Argumentation folgt. Ein Teil dieser Argumentation ist die absolute Energieeinsparung auf Basis des Profils. Nachfolgend soll der Fokus auf dieses Rekuperationspotenzial gelegt werden. Es werden allerdings keine absoluten Betrachtungen durchgeführt, da nicht die Untersuchung eines konkreten Teleskopladermodells im Vordergrund steht. Vielmehr soll allgemein für ein Mehrverbrauchersystem gezeigt werden, wie das technisch umsetzbare Rekuperationspotenzial eines Leistungszyklus anhand von Randbedingungen bestimmt werden kann. Anhand der gewählten relativen Betrachtungsweise, können qualitative Aussagen zur eingebrachten und rekuperierbaren Energiemengen der einzelnen Verbraucher getroffen werden.

Nachfolgend wird exemplarisch der lange Ladezyklus in vier aufeinander folgenden Schritten näher untersucht:

Schritt 1: Es wird zunächst die Zusammensetzung von Leistungsaufnahme und –abgabe über der Zykluszeit dargelegt, um die Verbraucheranteile an der aufgewendeten und rekuperierbaren Energie generell zu ermitteln.

Schritt 2: Anschließend wird bestimmt, in wie weit sich eine Quellen-Senken-Kombination unter der Annahme idealer Energiezwischenspeicherung hinsichtlich Energieabgabe und- aufnahme entspricht.

Schritt 3: Es wird das Rekuperations- und Verlustpotenzial bei verlustfrei-idealem Energiefluss von Quellen-Senken-Kombinationen bei direkter Nutzung der rekuperierten Energie aufgezeigt.

Schritt 4: Schließlich wird das Rekuperations- und Verlustpotenzial bei Widerstandssteuerung von Quellen-Senken-Kombinationen bei direkter Nutzung der rekuperierten Energie aufgezeigt.

Zu Schritt 1: Der Leistungsverlauf über der Zeit der berücksichtigten Verbraucher ist in Abbildung 4 dargestellt. Oberhalb der Abszisse handelt es sich um passive Lastfälle (Leistungsaufnahme), unterhalb um aktive Lastfälle (Leistungsabgabe). Deutlich sichtbar wird die dominierende Rolle des Fahrantriebs in beiden Fällen.

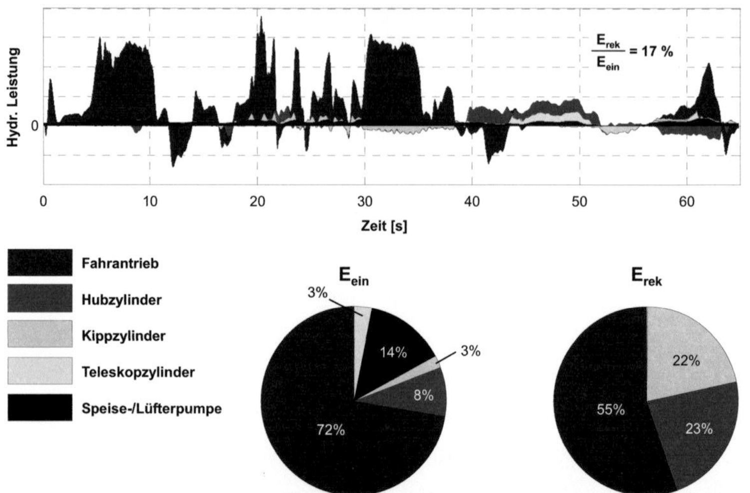

Abb. 4: Leistungsverlauf bzw. -anteile von Fahrantrieb, Speise-/Lüfterpumpe, Hub-, Kipp- und Teleskopzylinder für den langen Ladezyklus

Dem linken Sektorendiagrammen der Leistungsaufnahme ist zu entnehmen, dass die nächstgrößeren Verbraucher mit großem Abstand folgen (Speisepumpe 14 %, Hubzylinder 8 %). Anhand des rechten Sektorendiagramms ist zu erkennen, dass nur der Fahrantrieb sowie der Hub- und Kippzylinder Leistung abgeben, wobei der Anteil der Zylinder mit etwa 22 %[1] gleich ist. An der Speisepumpe und dem Teleskopzylinder kann in keinem Fall Energie zurück gewonnen werden.

Wird in einer ersten abstrakten Betrachtung die eingebrachte (E_{ein}) und die rekuperierbare Energie (E_{rek}) aller berücksichtigten Verbraucher zusammengefasst, so zeigt sich, dass im Idealfall nur 17 % der eingebrachten Gesamtenergie zurückgewonnen werden können. Durch einfache Summation

---

[1] Im kurzen und langen Ladezyklus wird beim Entladen der Schaufel potentielle Energie frei, die zuvor über den Hubzylinder eingebracht wurde. In den Stapelzyklen fällt der Anteil des Kippzylinders mit ca. 2 % verschwindend gering aus.

der Leistungen ergibt sich für eine ideale Rekuperation mit direkter Nutzung das Diagramm in Abbildung 5.

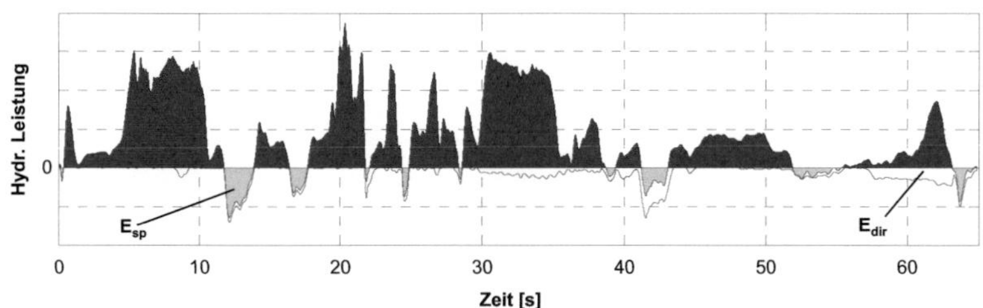

Abb. 5: Leistungsverlauf aller Verbraucher bei idealer Rekuperation mit direkter Nutzung

Der Vergleich mit dem Verlauf aus Abbildung 4 zeigt, zu welchen Zeitpunkten eine Energiezwischenspeicherung erfolgen sollte, wenn keine direkte Nutzung möglich ist. Die eingefärbten Flächen unterhalb der Abszisse (E_{sp}) entsprechen dem Energiebetrag, der nur bei Einsatz eines Speicherelements rekuperierbar ist. Würde für diesen Zyklus kein Speicher verwendet, gingen 40 % der rekuperierbaren Energie verloren. Für den obigen Leistungszyklus sollte folglich eine Energiezwischenspeicherung ermöglicht werden. Die weißen Flächen (E_{dir}) zeigen, welche Energie bei direkter Nutzung eingespart werden könnte. Für diesen Fall beschreiben die Flächen oberhalb der Abszisse den Energiebedarf.

Zu Schritt 2.: Neben der energetischen Gesamtbetrachtung ist das Potenzial konkreter Quellen-Senken-Kombinationen interessant. Im nächsten Schritt wird systematisch der Gesamtenergiebedarf einer Senke mit der gesamten rekuperierbaren Energie einer Quelle paarweise verglichen. In Abbildung 6a ist qualitativ die Energie aufgetragen, welche über den gesamten Zyklus für die jeweilige Quellen-Senken-Kombination rekuperiert werden kann. Um für alle folgenden Balkendiagramme dieselbe Skalierung verwenden zu können und Vergleichbarkeit zu schaffen, wurden die Größen auf den Maximalwert der ersten Betrachtung normiert. Dargestellt sind die bei fünf

Verbrauchern 20 sinnvollen Kombinationen bei idealer Zwischenspeicherung. Abbildung 6b zeigt die Differenz zwischen der rekuperierbaren Energie der Quelle und der aufgenommenen Energie der Senke. Je höher der Balken ist, desto mehr Energie muss anderweitig abgebaut werden, weil das Angebot der Quelle die Nachfrage der Senke übersteigt.

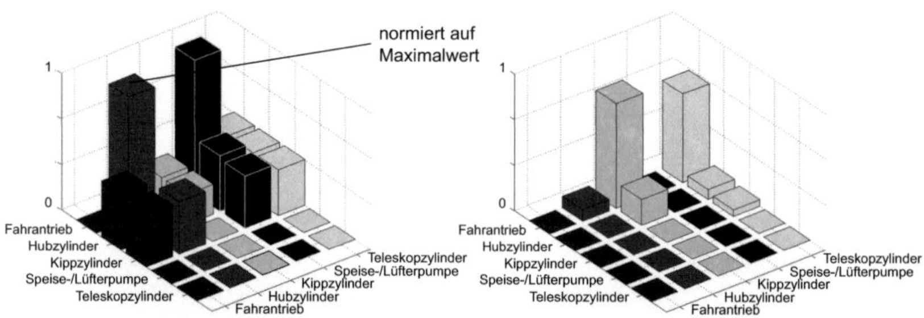

Abb. 6a,b: Rekuperierbare Energie verschiedener Quellen-Senken-Kombinationen bei idealer Energiezwischenspeicherung (a, links); Differenzenergien verschiedener Quellen-Senken-Kombinationen bei idealer Energiezwischenspeicherung (b, rechts)

Wie bereits oben erläutert wurde, bietet der Fahrantrieb das höchste Rekuperationspotenzial. Wird diese Quelle mit dem Hubzylinder oder der Speisepumpe als Senke kombiniert, könnte nahezu die gesamte Energie des Fahrantriebs genutzt werden. Die Energienutzung in Kipp- oder Teleskopzylinder ist weniger attraktiv, da ein Großteil der Fahrantriebsenergie abgeführt werden müsste (vgl. Abbildung 6b). Betrachtet man die Abbildung 6Abb. a und 6b zusammen, wird deutlich, dass aufgrund ihrer großen bzw. kontinuierlichen Leistungsaufnahme der Fahrantrieb, der Hubzylinder und die Speisepumpe fortwährend sinnvolle Senken sind.

Zu Schritt 3.: Wird von der idealen Energiezwischenspeicherung abgerückt und nur die Möglichkeit der direkten Nutzung rekuperierter Energie berücksichtigt, zeigt sich für die denkbaren Quellen-Senken-Kombinationen ein ähnliches Bild, jedoch bei anderen Dimensionen. Die nachstehenden

Balkendiagramme in Abbildung 7 zeigen qualitativ die rekuperierbare Energie (7a) sowie die Verlustenergie (7b) bei idealer direkter Nutzung.

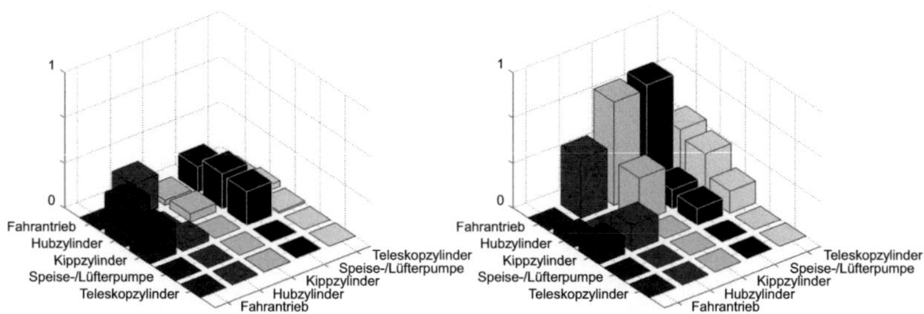

Abb. 7a,b: Rekuperierbare Energie verschiedener Quellen-Senken-Kombinationen bei idealer direkter Nutzung (5a); Energiedifferenzen verschiedener Quellen-Senken-Kombinationen bei idealer direkter Nutzung (5b)

Der Vergleich der Diagramme in Abbildung 7 zeigt, dass sich Rekuperations- und Bedarfsphasen ungünstig überlagern, sodass ein Großteil rekuperierbarer Energie abgeführt werden muss. Von der freigesetzten Energie am Fahrantrieb muss in jedem Fall ein Vielfaches der rekuperierten Energie abgeführt werden. Günstiger stellt sich das Verhältnis von Hub- und Kippzylinder zum Fahrantrieb bzw. zur Speisepumpe dar. Die großen Energiedifferenzen zeigen erneut die Notwendigkeit einer Speichereinheit.

Zu Schritt 4.: In den vorangegangenen Schritten wurde eine ideale Hydrotransformation vorausgesetzt, was unabhängig vom Druckniveau beliebige Leistungsflüsse zwischen den Verbrauchern ermöglicht. In einer Widerstandssteuerung ist hingegen ein Druckgefälle von Quelle zu Senke erforderlich. Wird diese Bedingung bei der Bestimmung des Rekuperationspotenzials berücksichtigt, verringert sich dieses weiter. In Abbildung 8a ist die rekuperierbare Energie bei Widerstandssteuerung ohne Zwischenspeicherung dargestellt. Der Vergleich mit Abbildung 7a zeigt, welche zusätzlichen Verluste sich gegenüber der Hydrotransformation ergeben. Wegen ungleicher Druckniveaus stellen der Hubzylinder keine attraktive Quelle, die Speise-/Lüfterpumpe keine Senke mehr dar.

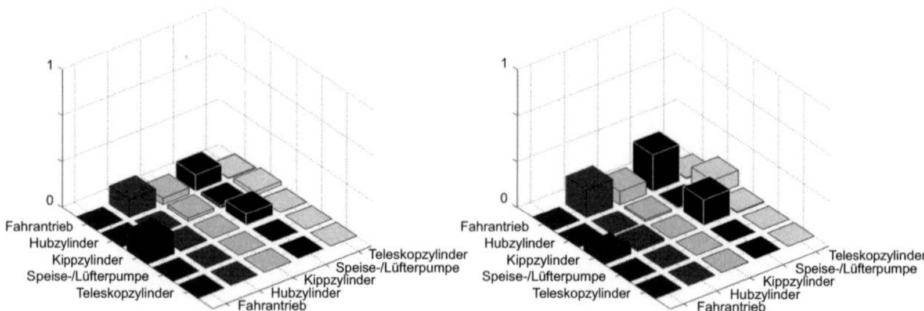

Abb. 8a,b: Rekuperierbare Energie verschiedener Quellen-Senken-Kombinationen bei Widerstandssteuerung und direkter Nutzung(6a); Systembedingte Drosselverluste verschiedener Quellen-Senken-Kombinationen bei Widerstandssteuerung und direkter Nutzung (6b)

Bei den rechts gezeigten Verlusten handelt es sich ausschließlich um Drosselverluste zum Angleichen des Druckniveaus von Quelle und Senke; unberücksichtigt bleiben weiterhin komponentenbedingte und sonstige Verluste. Den Diagrammen ist zu entnehmen, dass bei einer Widerstandssteuerung nur ein Bruchteil an Energie zurück gewonnen werden kann. Durch das Androsseln zwischen Quelle und Senke geht mehr Energie verloren als rekuperiert werden kann.

In Abbildung 9 ist das Verhältnis der systembedingten Drosselverluste zur rekuperierbaren Energiedargestellt. Demzufolge geht aufgrund fehlender Simultanität sowie nicht vorhandenem Druckgefälle nennenswertes Potenzial verloren. Beim Fahrantrieb und Hubzylinder ist das Verhältnis von 3:1 bzw. 1,5:1 sehr ungünstig. Eine Widerstandssteuerung ohne Energiezwischenspeicherung ist für den Beispielzyklus somit wenig sinnvoll.

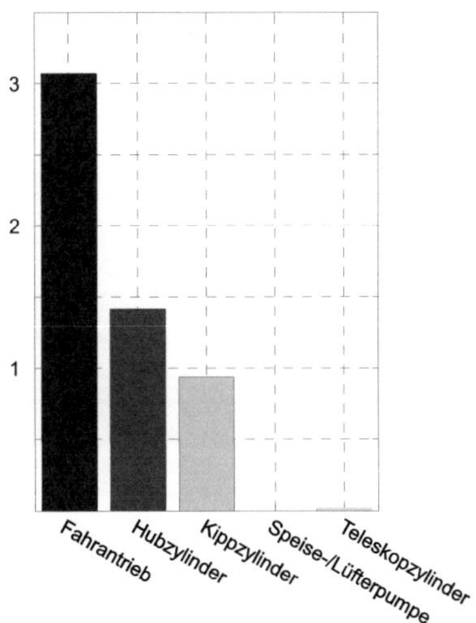

Abb. 9: Verhältnis der systembedingten Drosselverluste zur rekuperierbaren Energie

5 Zusammenfassung und Ausblick

Beim Großteil mobiler Arbeitsmaschinen handelt es sich um komplexe hydraulische Mehrverbrauchersysteme, die aufgrund zyklischer Arbeitsaufgaben und aktiver Lastfälle Rekuperationspotenzial in der Fahr- und Arbeitshydraulik aufweisen. Um dieses Potenzial zu erschließen, wurde im Beitrag exemplarisch der lange Ladezyklus eines Teleskopladers untersucht. Die vorgestellte Methode zeigt, wie das technisch umsetzbare Rekuperationspotenzial schrittweise angenähert werden kann. Ausgehend von allgemeinen energetischen Betrachtungen für Energieaufnahme und –abgabe werden letztlich die Druckniveaus der Verbraucher berücksichtigt, was für Widerstandsteuerungen entscheidend ist. Die Methode soll die Diskrepanz zwischen den z. T. vielversprechenden Messergebnissen und den realistischen Möglichkeiten verdeutlichen. Einschränkungen ergeben sich durch fehlende Simultanität in der Bedienung, begrenzte Speicherkapazitäten, unpassende Druckniveaus und diverse Komponentenwirkungsgrade. Entscheidend ist ebenso das Verlustverhalten auf den verschiedenen Leistungspfaden, das wesentlich vom hydraulischen Steuer-/Regelprinzip abhängt. Um systembedingt das Rekuperationspotenzial nicht weiter zu reduzieren, sollten daher grundsätzlich Verdrängersteuerungen eingesetzt werden. Für den Teleskoplader bedeutet dies, dass das nicht rekuperationsfähige CC-LS-System nach Möglichkeit zu ersetzen ist.

Um bei der Auswertung beliebiger Leistungszyklen die gegebenen Randbedingungen sowie die Einschränkung auf den jeweiligen Pfaden zu berücksichtigen, wird in dem eingangs erwähnten Projekt ein automatisiertes Analysewerkzeug für hydraulische Mehrverbrauchersysteme erarbeitet. Darüber hinaus wird beachtet, dass ein System über mehrere Hydrospeicher verfügen kann und dass bei gegebener Simultanität eine Quelle mehrere Senken versorgen kann (komplementär: eine Senke wird von mehreren Quellen versorgt). Da das Potenzial maßgeblich von der gewählten Entscheidungskette über Einspeicherung, direkter Nutzung und Dissipation abhängt, liegt der Fokus des Werkzeugs auf den möglichen Betriebsstrategien.

Literaturverzeichnis

[1] Nagel, P., Roos, L., Geimer, M., Lang, T.: Antriebsstrang mit Energierückgewinnung: Entwicklungsmethodik und Betriebsstrategien mobiler Arbeitsmaschinen. Informationsveranstaltung des Forschungsfonds des Fachverbandes Fluidtechnik. Frankfurt/Main: 21.06.2012

[2] Rüther, M.: SCORPION – moderner Teleskoplader mit einem innovativen Fahrantrieb. 4. Kolloquium Mobilhydraulik. Braunschweig: 27./28. 11 2006

[3] Huber, A.: Ermittlung von prozessabhängigen Lastkollektiven eines hydrostatischen Fahrantriebsstrangs am Beispiel eines Teleskopladers. Karlsruher Schriftenreihe Fahrzeugsystemtechnik Band 2

[4] Deiters, H.: Standardisierung von Lastzyklen zur Beurteilung der Effizienz mobiler Arbeitsmaschinen. Aachen: Shaker Verlag 2009

Arbeitsausrüstungen mit parallelkinematischen Strukturen für Mobile Arbeitsmaschinen

Dipl.-Ing. Thomas Hentschel, Dipl.-Ing. Christian Friedrich, Prof. Dr.-Ing. habil. Günter Kunze

TU Dresden, Institut für Werkzeugmaschinen und Steuerungstechnik, 01062 Dresden, Deutschland

Kurzfassung

Mobile Arbeitsmaschinen sind Maschinen, die für Arbeitsprozesse konzipiert und konstruiert werden. Am Beispiel eines Radladers zeigt sich, dass für unterschiedliche Arbeitsabläufe speziell angepasste Radladertypen zum Einsatz kommen, die nur bedingt universell einsetzbar sind. Neben Frontlader werden somit auch Teleskop-, Schwenklader und spezielle Anbaugeräte eingesetzt.

Im Rahmen des vom BMBF geförderten Forschungsvorhabens „Arbeitsausrüstungen mit parallel-kinematischen Strukturen für Mobile Arbeitsmaschinen" (FKZ: 03F03182) soll eine neuartige Arbeitsausrüstung auf Basis einer Parallelkinematik (Hexapod) für die Beispielapplikation „Radlader" entwickelt werden. Das Ziel dabei ist eine universelle Nutzung des Arbeitsraumes des Werkzeugs in bis zu 6 Freiheitsgraden. Das Innovationslabor des Vorhabens setzt sich aus dem Lehrstuhl für Baumaschinen- und Fördertechnik und dem Institut für Werkzeugsmaschinen und Steuerungstechnik der Fakultät Maschinenwesen der Technischen Universität Dresden zusammen.

Stichworte

Mobile Arbeitsmaschine, Radlader, Parallelkinematik, Hexapod, Hexapod-Arbeitsausrüstung

1   Einleitung

Die mobile Arbeitsmaschine „Schaufellader", insbesondere der mit Radfahrwerk ausgerüstete Maschinentyp „Radlader", ist durch den sogenannten V-Betrieb gekennzeichnet. Die Bewegungen der Arbeitsausrüstung sind auf das Heben und Senken des Auslegers, sowie auf das Ein- und Auskippen des Werkzeugs beschränkt. In den letzten Jahren streben die Hersteller vermehrt nach Verbesserung der Beweglichkeit im Arbeitsprozess. Arbeitsmaschinen mit seitlich schwenk- und teleskopierbaren Arbeitsausrüstungen sind nur einige Maßnahmen, die Bewegungsfreiheit des Werkzeugs zu erhöhen. Viele Arbeitsvorgänge, vor allem bei Radladern kleiner Gewichtsklassen, sind jedoch mehr von Präzision als von Durchsatz geprägt. Daher sind neue Arbeitsausrüstungen mit verbesserter Beweglichkeit und dreidimensionaler Steuerbarkeit des Werkzeugs wünschenswert.

Besonders in den Bereichen Medizintechnik, Industrierobotik, Simulatorenaufbau, Werkzeug- und Verarbeitungsmaschinen werden Hexapoden aufgrund ihrer hohen Flexibilität und Bewegungsfreiheit seit vielen Jahren verwendet. Stabilität und Steifigkeit der Hexapod-Kinematiken und die vielfältigen Verwendungsmöglichkeiten sind in vielen Bereichen ein überzeugendes Verwendungsargument. Jedoch verlangt die richtige Manipulation und Handhabung eines Hexapods einen hohen steuer- und reglungstechnischen Aufwand.

2 Parallelkinematik

Eine Parallelkinematik ist ein Getriebe, das im Vergleich zu den seriellen Mechanismen aus mehreren geschlossenen kinematischen Ketten aufgebaut ist. Diese Baugruppe muss jedoch nicht zwangsläufig, wie die Bezeichnung „Parallelkinematik" vielleicht vermuten lässt, im geometrischen Sinne parallel angeordnet sein. Der Begriff zeigt lediglich den Unterschied zu den seriellen Kinematiken auf. Bei den seriellen Mechanismen sind die Bewegungsachsen nacheinander angeordnet, während die Antriebe der Parallelkinematik gemeinsam an einer Plattform angreifen.

Eine spezielle Form der Parallelkinematik stellt der Hexapod (griechisch: „Sechsfüßler") dar, siehe Abbildung 1 a und b. Dessen räumliche Getriebestruktur besteht aus sechs längenveränderlichen Antriebsstreben, die über Gelenke (A_1 bis A_6 bzw. B_1 bis B_6) sowohl mit einer raumfesten Grundplattform (B) als auch mit einer Bewegungsplattform, den Endeffektor (A), verbunden sind. Diese Gelenke sind in sich beweglich, jedoch nicht frei verschiebbar. Durch die Betätigung der linearen Aktoren kann der Endeffektor drei Rotationen und drei Translationen, sowie die daraus überlagerten Bewegungen ausführen. Besonders die Umsetzung von überlagerten Bewegungen, d. h. gleichzeitige Ansteuerung von mehreren Aktoren, setzt eine aufwändige und komplexe Steuerung und Regelung des Hexapods voraus. Weiterhin ist zu erwähnen, dass die linearen Aktoren der Kinematik nur auf Zug und Druck und nicht auf Biegung, Torsion, Schub oder mit Querkräften belastet werden, was somit einer „Stabwerkskonstruktion" entspricht.

Ein weiteres Beispiel für die Anwendung von Hexapodstrukturen stellt die Geräteschnittstelle eines Ackerschleppers zum Anbau von Arbeitsgeräten dar, siehe Abbildung 1 c. Innerhalb eines Forschungsvorhabens [1], an der Technischen Universität Dresden wurde der klassische Kraftheber eines Ackerschleppers durch einen Hexapod ersetzt, der zusätzliche Freiheitsgrade realisiert, alle Funktionen erfüllt und ein gefahrenloses An- und Abkoppeln der Arbeitsgeräte ermöglicht.

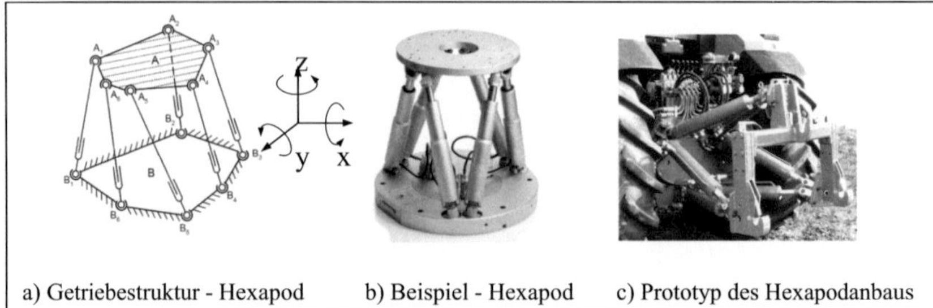

<table>
<tr><td>a) Getriebestruktur - Hexapod</td><td>b) Beispiel - Hexapod</td><td>c) Prototyp des Hexapodanbaus</td></tr>
</table>

Abb. 1: Getriebestruktur und Beispielapplikation des Hexapods

3 Arbeitsausrüstungen von Schaufelladern

Schaufellader stellen eine separate Unterbaugruppe der Lademaschinen dar. Sie zählen zusammen mit den Gefäß- und Flachbaggern zu den Hauptvertretern der Bagger und Lademaschinen [2]. Demnach gehören Schaufellader mit zu den am weitest verbreiteten Mobilen Arbeitsmaschinen im Baugewerbe und der Industrie. Je nach Einsatzmasse dominiert dieser Maschinentyp in verschiedenen Anwendungsbereichen, wie Kommunal- und Forstwirtschaft, Garten- und Landschaftsbau und in konventionellen Baugewerben. In allen Anwendungsbereichen bestechen die Schaufellader insbesondere durch die extreme Vielfältigkeit ihrer Werkzeuge und Anbaugeräte. Zudem besteht die Möglichkeit zur Auswahl der passenden Grundmaschine mit geeigneter Leistung und Lenkung, sowie dem passenden Fahrwerk für den jeweiligen Einsatzort.

Die Arbeitsausrüstung von Schaufelladern ist ein mehrgliedriges Getriebe mit linearen Antrieben, die aus zwei Grundmechanismen, dem Hub- und Kippmechanismus, besteht. Der Hubmechanismus realisiert die Bewegung der jeweiligen Auslegerkonstruktion durch die Ansteuerung der Hubzylinder. Diese sind im Allgemeinen zwischen Ausleger und Maschinenvorderrahmen befestigt und gewährleisten die Erzeugung der Hubkraft. Der Kipp-mechanismus verrichtet über die Verstellung des Kippzylinders die

Bewegung der montierten Arbeitswerkzeuge. Charakteristisch ist dabei das resultierende Reiß- und Haltekraftvermögen. In Abhängigkeit der Prozessaufgabe können die Kippmechanismen zwischen P- und Z-Kinematik bzw. rahmengekoppelten und -entkoppelten Mechanismen unterschieden werden.

4 Radlader mit einer neuartigen parallelkinematischen Arbeitsausrüstung

4.1 Referenzradlader

Für die Entwicklung und Konzipierung einer neuartigen parallel-kinematischen Arbeitsausrüstung wurde der Radladertyp 3070CX80 der Fa. Weidemann GmbH als Referenzradlader ausgewählt. Charakteristisch für diesen Typ ist u. a. die installierte Antriebsleistung von 55,1 kW (bei 2300 min^{-1}) bei einer Eigenmasse von etwa 4700kg. Die konventionelle Arbeitsausrüstung (Abbildung 2 a) besteht aus einem Hub- und einem rahmengekoppelten Kippmechanismus. Der Hubmechanismus umfasst den Ausleger (5) und die beiden untenliegenden Hubzylinder (Differential-zylinder) (6). Der als Z-Kinematik ausgeführte Kippmechanismus zeichnet sich durch die Zugstange (2), Umlenkhebel (3) und einem obenliegenden Kippzylinder (Differenzialzylinder) (4) aus. Die mechanische Kopplung beider Mechanismen erfolgt durch den Vorderrahmen (7) und die Werkzeug-aufnahme (1).

Neben Aufbau und Funktionsweise der konventionellen Arbeitsaus-rüstungen spielen besonders die daraus ableitbaren kinematischen und kinetostatischen Kennwerte eine besondere Rolle. Sie repräsentieren die technologische Leistung der Arbeitsausrüstung. Darunter wird die verrichtete Nutzarbeit einer Arbeitsmaschine bezogen auf ein repräsentatives Arbeitsspiel verstanden. Somit werden die radladerspezifischen Kennwerte als Auslegungsgrundlage (Lastenheft) für die Entwicklung und Konstruktion der neuen parallelkinematischen Arbeitsausrüstung herangezogen. Dabei ist zu beachten, dass die parallelkinematische Arbeitsausrüstung mindestens die radladerspezifischen Kennwerte der Referenzmaschine erreichen sollte, was mit der technologischen Leistungsfähigkeit gleichzusetzen ist.

Als Betrachtungsschwerpunkte für die Erstellung des Lastenheftes dienten der Hub- und der Kippmechanismus sowie der Ladeschaufel- und Gabelzinkenbetrieb. Mit Hilfe der kinematischen Kennwerte lassen sich Rückschlüsse auf den Aktionsradius der Arbeitsausrüstung (Schürftiefe, Hubhöhe, Hubwinkel, Ein- und Auskippwinkel usw.) ziehen. Unter Berücksichtigung der hydrostatischen Antriebstechnik spiegeln die kinetostatischen Kennwerte die prozessabhängigen Kräfte- und Momentenverhältnisse (Hubkraft-, Reißkraft-, Haltekraftdiagramm usw.) wieder.

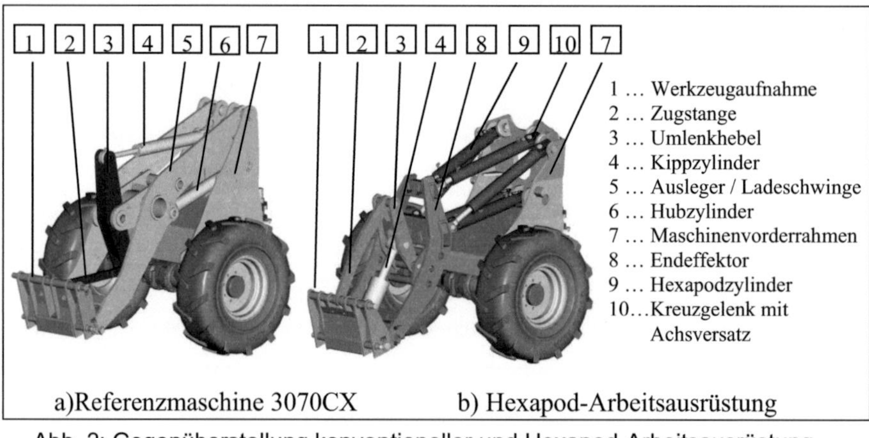

Abb. 2: Gegenüberstellung konventioneller und Hexapod-Arbeitsausrüstung

4.2 Aufbau und Funktionsweise des Hexapod-Arbeitsausrüstung

In der Abbildung (Abbildung 2b) wird der Aufbau der parallelkinematischen Arbeitsausrüstung als CAD-Modell dargestellt. Die Hexapod-

Arbeitsausrüstung umfasst die Baugruppen „Hexapodstruktur" und „Manipulator". Die „Hexapodstruktur" setzt sich aus maximal 6 Differenzialzylindern (Hexapodzylinder) (9) und 12 Kreuzgelenken mit Achsversatz (10) zusammen. Das Trägerorgan für der „Hexapodstruktur" bildet dabei der Maschinenvorderrahmen (7). Die Baugruppe „Manipulator" besteht aus dem Endeffektor (8), dem rahmenentkoppelten Kippmechanismus und die Werkzeugaufnahme (1). Der als Viergelenkstruktur realisierte rahmenentkoppelte Kippmechanismus besteht aus einem Differenzialzylinder (Kippzylinder) (4), Umlenkhebel (3) und Zugstange (2). Das Trägerorgan für den Kippmechanismus bildet der Endeffektor.

Topologievarianten der Hexapodstruktur

Die klassische Topologievariante der Hexapodstruktur besteht aus insgesamt 6 längenveränderlichen Antriebsstreben in Form von Differenzialzylindern. Mit deren Hilfe kann der Endeffektor alle 6 Freiheitsgrade sowie die daraus resultierende Überlagerung der einzelnen Bewegungen realisieren. In der nachfolgenden Abbildung 3 werden alle 6 Freiheitsgrade in drei Ansichten (a bis c) sowie eine mögliche Arbeitsposition (d) des Werkzeuges dargestellt.

Für die Ausführung bestimmter Arbeitsbewegungen werden nicht alle 6 Differenzialzylinder benötigt. Durch das Ersetzen der Antriebsstreben durch längenunveränderliche Stäbe kann die Anzahl der Freiheitsgrade verringert werden. Je nach Anzahl der benötigten Freiheitsgrade kann eine spezielle Hexapodtopologie entwickelt werden, was einem freiheitsgradabhängigen „Baukastenprinzip" entspricht. In der Abbildung 4 wird z. B. die einfachste und kostengünstige Topologievariante, bestehend aus 2 Hydraulikzylindern und 4 Stäben, dargestellt.

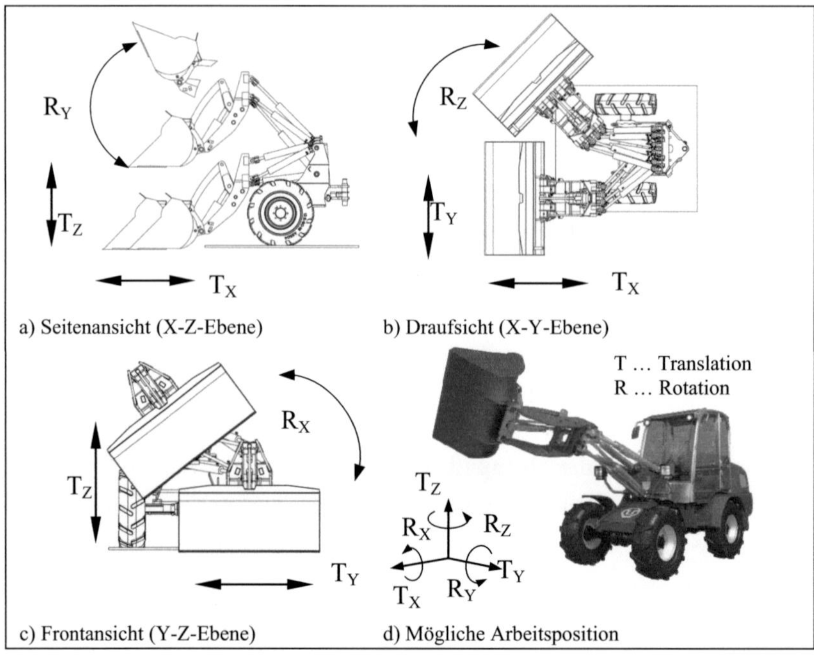

Abb. 3: Topologievariante mit 6 Zylindern

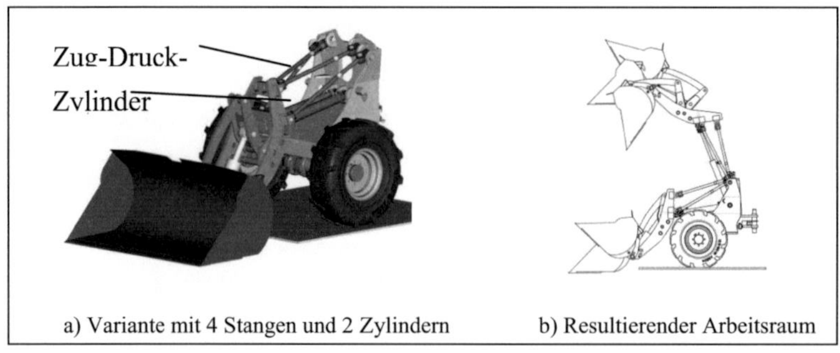

Abb. 4: Topologievariante mit 4 Stangen und 2 Zylindern

Rahmenentkoppelter Kippmechanismus

Ein Nachteil der Hexapodstruktur stellt die eingeschränkte Drehbeweglich-keit der Bewegungsplattform dar. Diese strukturbedingte Limitierung der

Drehbewegung des Werkzeugs in einer Querachse (Ein-/ Auskippen) erfolgt durch die translatorische Position der Bewegungsplattform und die dadurch resultierenden Reaktionskräften in den Arbeitsstreben oder durch singuläre Stellungen und Kollisionen [3]. Konventionelle Kippmechanismen können einen Gesamtkippwinkel von etwa 180° erzeugen, so auch die Z-Kinematik des Referenzradladers 3070CX. Aufgrund der eingeschränkten Drehbeweglichkeit des Hexapods kann dieser den Gesamtkippwinkel nicht realisieren, wodurch ein zusätzlicher Kippmechanismus Anwendung finden muss.

Als Aktor des rahmenentkoppelten Kippmechanismus fungiert ein Differenzialzylinder. Dieser erzeugt in Abhängigkeit seiner Einbauposition und der mechanischen Übersetzung des Viergelenkgetriebes die kinematischen und kinetostatischen Kennwerte. In der Abbildung 5 werden verschiedene Stellungen des vom Vorderrahmen entkoppelten Kippmechanismus dargestellt.

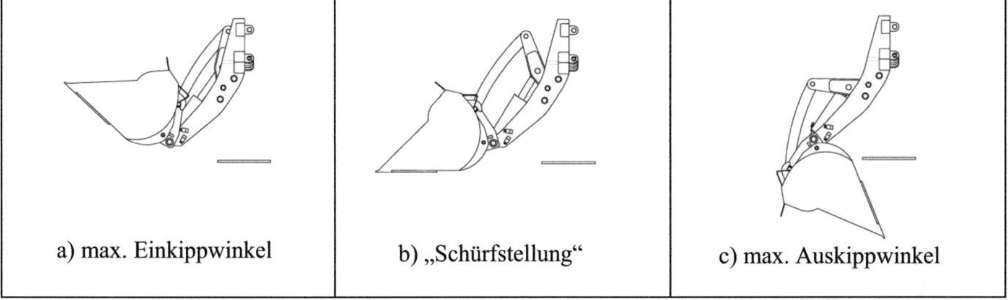

Abb. 5: Unterschiedliche Stellungen des rahmenentkoppelten Kippmechanismus

4.3 Projektierung und Auslegung des Antriebssystems

Für die Ansteuerung der Hexapod-Arbeitsausrüstung wurde ein lastkompensiertes Closed-Center Load-Sensing-System mit Sekundär-Individualdruckwaagen (LUDV) ausgewählt. Der wesentliche Vorteil eines solchen Systems liegt in der gleichzeitig mechanisch-hydraulisch geregelten Geschwindigkeitsreduzierung aller Hydraulikzylinder während einer Ölunterversorgung.

In der nachfolgenden Abbildung 6 wird schematisch der Aufbau des Antriebssystems dargestellt. Die zentrale Ölversorgung des Hydrauliksystems findet durch eine vom Dieselmotor angetriebene LS-Regelpumpe statt, die eine bedarfsabhängige hydraulische Ölversorgung gewährleistet. Die elektrisch-hydraulische Steuerung/Regelung von Hexapod- und Kippzylinder wird durch den zentralen LUDV-Steuerblock realisiert. Mittels der Wandlung des elektrischen Stellsignals in eine mechanische Bewegung der jeweiligen Steuerachse werden die Hydraulikzylinder mit Hydrauliköl versorgt. Die integrierten 4/3-Proportional-Wegeventile verschließen den Druckanschluss P in Mittelstellung, bzw. verbinden die Verbraucheranschlüsse A und B gegen den Hydrauliktank (T). Durch die wechselnden Zug-Druck-Belastungen der Hydraulikzylinder wurden zusätzlich Senkbremsventile zwischen Steuerblock und Hydraulikzylinder integriert. Dadurch kann ein kontrolliertes Ablassen von ziehenden Lasten realisiert werden.

Neben den hydraulischen Standardkomponenten, wie z. B. Arbeitsregelpumpe, Ventilblöcke usw., stellen die eingesetzten Differenzialzylinder der Hexapod-Arbeitsausrüstung Prototypen dar. Die Hexapodzylinder besitzen ein integriertes, magnetostriktives Wegmesssystem bei einer kolbenseitigen, hydraulischen Endlagendämpfung. Charakteristisch für den Kippzylinder ist eine extrem verringerte Zylindertotlänge bei maximalem Zylinderhub.

Für die Steuerung der Hexapodkinematik werden sowohl die Systemdrücke auf der Kolben- und Stangenseite mittels Drucksensoren als auch die Position und Geschwindigkeit der Zylinderstangen mittels eines magnetostriktiven Wegmesssystems gemessen. Die Steuerung des Kippzylinders erfolgt mittels der Systemdrücke von Kolben- und Stangenseite und der Position der Zylinderstange durch die Implementierung eines Positionssensors (Seilweg).

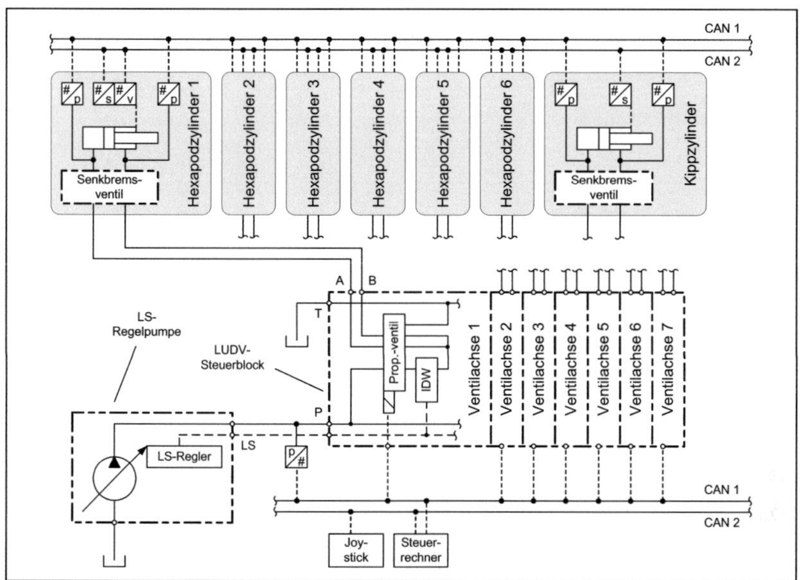

Abb. 6: Schematische Darstellung des Hydraulikplans der Hexapod-Arbeitsausrüstung

4.4 Entwicklung der Steuer- und Regelungsstrategie für den Hexapod

Radlader mit konventioneller Arbeitskinematik enthalten keine separate Ansteuerung der Antriebszylinder. Vielmehr werden die Ventile der Hydraulikachsen direkt mit dem Joystick durch den Bediener betätigt. Alle praxisrelevanten Trajektorien der Hexapodkinematik erfordern jedoch die gleichzeitige Bewegung aller sechs Achsen. Die direkte Zylinderansteuerung ist aufgrund der nichtlinear verkoppelten Kinematik für den Menschen nicht mehr beherrschbar und erfordert daher zwingend den Einsatz einer elektronischen Steuerung. Dafür wird zusätzliche Aktorik und Sensorik benötigt, die zur Reduktion von Kosten und Verkabelungsaufwand über CAN-Bus angebunden werden. Die neue Architektur des Systems ist in Abbildung 7 dargestellt.

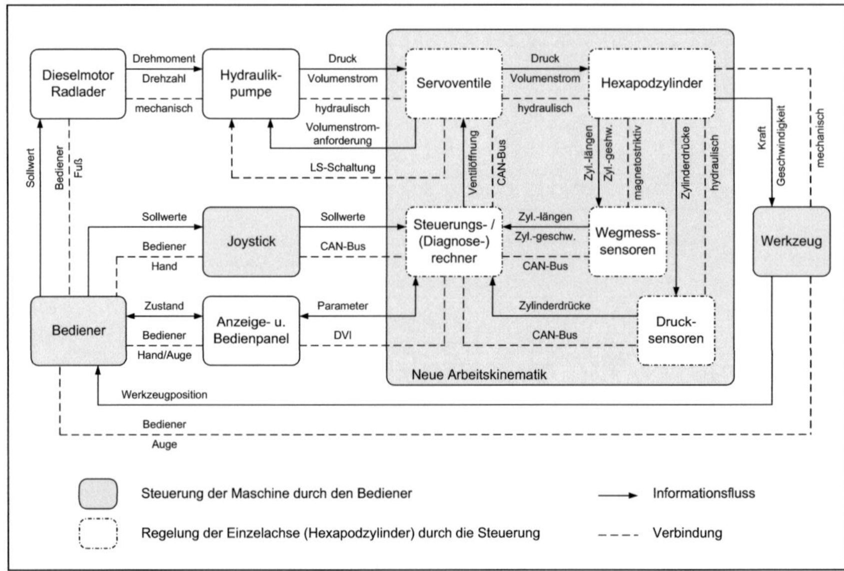

Abb. 7: Systemarchitektur für die Steuerung

Die Entwicklung der Steuerung und Regelung umfasst vor allem die Auslegung und Inbetriebnahme der Buskommunikation, die Realisierung eines Prozessabbildes sowie darauf aufbauend die Regelung der Achsen, die Integration des Hexapodmodells, Funktionen zur Bedienerinteraktion und schließlich die Umsetzung einer Anzeige- und Bedienoberfläche. Besondere Anforderungen an die Steuerung ergeben sich vor allem durch:

- die spezielle Anwendung der Kinematik auf einer mobilen Arbeitsmaschine mit den dort vorherrschenden Randbedingungen, wie stark schwankende Lastsituationen, wechselnde Bediener, Außeneinsatz bei rauen Betriebsbedingungen etc.

- den Einsatz einer Parallelkinematik mit exzentrischen Gelenken und entsprechend aufwändigen mathematischen Transformationen für Kinematik und Dynamik

- die interaktive Bedienung mit der daraus folgenden Notwendigkeit einer online-Berechnung im Hexapodmodells

- die Verwendung von CANopen als Kommunikationsbus für die Hydraulikregelung
- den Einsatz von Linux/Xenomai als Echtzeitumgebung.

Im Interesse einer robusten und agilen Regelung mit hoher Regelgüte besteht das Ziel bei der **Auslegung der CANopen-Buskommunikation**, den Bustakt und die Busauslastung (mit entsprechender Sicherheitsreserve) zu maximieren. Die dabei bestehenden Gestaltungsfreiheiten sind vor allem die Zuordnung der Geräte zu den zwei vorhandenen CAN-Kanälen, die Baudraten der Kanäle, die Wahl der PDO-Parameter sowie die Priorisierung der Teilnehmer. Aus der gewählten Datenrate, der Signalanzahl und der Größe des jeweiligen Nutzdatenbereichs ergibt sich eine minimal mögliche Zykluszeit, die für diese Anwendung mit 3 ms akzeptabel ist. Die zentrale Stelle der Steuerung nimmt das **Prozessabbild** ein. Es stellt als Verzeichnis aller Prozessgrößen (Sensor-, Aktor- und Hilfsgrößen) die Schnittstelle zwischen Steuerung und Hardware dar. Alle Teile des Steuerungssystems kommunizieren über bereitgestellte Zugriffsfunktionen, echtzeitfähig oder nichtechtzeitfähig, mit dem Prozessabbild.

Die kinematischen Transformationen für gewöhnliche Hexapoden als Teil des **Hexapodmodells** sind bekannt [5]. Für das Problem der inversen Kinematik mit zwei exzentrischen Gelenken pro Achse wurde bisher keine analytische Lösung gefunden [4]. Falls eine analytische Lösung existiert, ist sie sehr wahrscheinlich aufgrund der Vielzahl an Fallunterscheidungen nicht effizient berechenbar. Daher wird meist ein iteratives Verfahren zur Lösung gewählt, was jedoch bzgl. der Echtzeitfähigkeit ebenfalls kritisch ist. Es wurde daher eine Näherungslösung entwickelt, die als verbesserter Startwert für eine iterative Lösung dient oder bei geringeren Genauigkeitsanforderungen, wie für die vorliegende Anwendung (Bedienung nach Sicht, geringe Auflösung des Messsystems von 100 μm), direkt verwendet werden kann. Untersuchungen zeigen, dass die Näherungslösung im Vergleich zu einer durch Iteration bestimmten Referenzlösung für praxisrelevante Schulter-, Handgelenks-

und Verdrehwinkel einen für diese Anwendung tolerierbaren Restfehler der Zylinderlänge von ca. 100-200 µm aufweist.

Gemäß der speziellen Anwendung werden verschiedene **Bedienkonzepte** implementiert. Dies sind die interaktive Bedienung mit dem Joystick, die den Hauptanwendungsfall darstellt, die Punkt-zu-Punkt-Bewegung zur Realisierung kurzer automatisierter Handhabungsvorgänge sowie die programmgesteuerte Bewegung zur Realisierung von Bearbeitungsvorgängen durch ein NC-Programm. Im Gegensatz zur interaktiven Bewegung ist für die letzten beiden Varianten die rechenaufwändige Transformation und Bahnaufbereitung im Vorfeld möglich und muss nicht im Echtzeitteil der Steuerung erfolgen.

Durch die Steuerung werden weiterhin wichtige **Sicherheitsfunktionalitäten** realisiert. Dazu zählen eine explizite Hydraulikfreigabe durch den Bediener, die eine schnelle Notabschaltung erlaubt, eine Überwachung der Buskommunikation, die einen Ausfall von Sensorik, Aktorik bzw. der Steuerung selbst registriert, eine Softwareendlagendämpfung, die den Verfahrweg der Hydraulikzylinder sicher begrenzt, eine Volumenstromüberwachung, die eine Volumenstromsättigung der Hydraulikpumpe verhindert sowie eine Gelenklagenüberwachung, welche die passiven Gelenke vor zu großen Schwenkwinkeln schützt. Weiterhin lassen sich einfache kartesische Begrenzungen realisieren.

5 Prüfstandserprobung

Für die Weiterentwicklung und Erprobung neuer Antriebssysteme bzw. Steuer- und Regelungsstrategien für die Hexapod-Arbeitsausrüstung wurde eigens dafür ein stationärer Funktions- und Entwicklungsprüfstand aufgebaut. Mit dessen Hilfe können die kinematischen und kinetostatischen Eigenschaften des Hexapods in Abhängigkeit des Aufbaus der Hexapodsstruktur untersucht werden. Gleichzeitig dienen die Messergebnisse zur Validierung der entwickelten Simulationsmodelle. In der nachfolgenden Abbildung 8 wird der

Aufbau des Hexapod-Prüfstands mit Sensoren und Hydraulikleitungen dargestellt.

Abb. 8: Funktions- und Entwicklungsprüfstand für Hexapodstrukturen

6 Zusammenfassung

Die neu entwickelte parallelkinematische Arbeitsausrüstung, bestehend aus
einer Hexapodstruktur und einem rahmenentkoppelten Kippmechanismus,
bietet eine verbesserte Steuerbarkeit und Beweglichkeit des Werkzeugs während des Arbeitsprozesses. Spezielle Arbeitsbewegungen, wie z. B. Seiten-
bewegung, Drehung um die Hochachse und Querachse des Werkzeuges,
lassen sich somit durch eine Arbeitsausrüstung bewerkstelligen. Darüber
hinaus bietet der Hexapod durch seinen modularen Aufbau eine freiheits-
gradabhängige Hexapodtopologie. Mittels der entwickelten Baukastenvaria-
tionen aus Hexapodzylinder und Stangen können die Freiheitsgrade der Arbeitsausrüstung speziell auf den Arbeitsprozess angepasst werden. Als Beispielapplikation für die Umsetzung der Hexapod-Arbeitsausrüstung wurde
der Radladertyp 3070CX der Fa. Weidemann GmbH verwendet.

Literaturverzeichnis

[1]   Fedotov, S.: Untersuchung von Parallelmechanismen hinsichtlich deren Eignung als Geräteschnittstelle von Traktoren. Dresden, Technische Universität Dresden, Dissertation, 2004

[2]   Kunze, G.: Baumaschinen: Erdbau- und Tagebaumaschinen. Vieweg-Verlag, Braunschweig/ Wiesbaden, 2002, S.151 ff

[3]   Kirchner, J.: Mehrkriterielle Optimierung von Parallelkinematiken, 1. Aufl., Verlag Wissenschaftliche Skripten, Zwickau, 2001, S. 21

[4]   Großmann, K; Kauschinger, B.; Riedel, M.: Exzentrische Gelenke für parallelkinematische Werkzeugmaschinen. ZWF, Vol. 01-02, S. 25-32, 2012.

[5]   Kauschinger, B.: Verbesserung der Bewegungsgenauigkeit an einer Parallelkinematik einfacher Bauart. Lehre-Forschung-Praxis. Eigenverlag IWM TU Dresden, 2006. ISBN 3-86005-516-X.

Entwicklung und Optimierung eines Konstantdrucksystems mit parallelen sekundärgeregelten Antrieben am Beispiel eines Mineraldüngerstreuers

Dipl.-Ing. Thorsten Dreher; Prof. Dr.-Ing. Marcus Geimer

Karlsruher Institut für Technologie, Lehrstuhl für Mobile Arbeitsmaschinen, KIT, Rintheimer Querallee 2, Karlsruhe, Deutschland

Kurzfassung

Am Lehrstuhl für Mobile Arbeitsmaschinen wird das Potential zur Steigerung der Energieeffizienz durch den Einsatz von sekundärgeregelten rotatorischen Antrieben mit Konstantdruckversorgung in der Mobilhydraulik untersucht.

Unterschiedliche Verbraucherlasten beim parallelen Betrieb mehrerer hydraulischer Antriebe führen bei widerstandsgesteuerten Hydrauliksystemen zu Verlusten die bei verdrängergesteuerten Hydrauliksystemen prinzipbedingt vermieden werden können. Zum Vergleich beider Systeme wurde ein Versuchsträger auf Basis eines Zwei-Scheiben-Mineraldüngerstreuers aufgebaut und Vergleichsmessungen in typischen Einsatzszenarien durchgeführt. Im Load Sensing-Ausgangszustand war der Versuchsträger mit drei widerstandsgesteuerten Konstantmotoren zum Antrieb der beiden Streuscheiben und des Rührwerks ausgestattet. Für die Darstellung des verdrängergesteuerten Hydrauliksystems wurden die drei Konstantmotoren durch verstellbare Axialkolbenmotoren ersetzt.

Anhand der Messungen konnte eine Steigerung der Energieeffizienz des Konstantdrucksystems gegenüber dem Load Sensing- System bei verschiedenen Einsatzsituationen nachgewiesen werden. Hierbei wurde deutlich, dass die Energieeffizienz des Gesamtsystems stark von den auftretenden Lasten, den gewählten Lastzyklen und den sich einstellenden Betriebspunkten der Verstellmotoren und der Verstellpumpe abhängig ist. Für eine Übertragung der Erkenntnisse auf weitere Anwendungen wurden die Leistungsflüsse bei verschiedenen Einsatzsituationen verglichen und Bereiche aufgezeigt, in denen das jeweilige System vorteilhaft ist.

Stichworte

Energieeffizienz, Sekundärregelung, Verdängersteuerung, Konstantdruck, Drehzahlregelkreis, Verstellmotor

1 Einleitung

Die Entwicklung von mobilen Arbeitsmaschinen mit hoher Energieeffizienz gewinnt vor dem Hintergrund steigender Energiekosten, aber auch der Anforderungen an einen nachhaltigen Umgang mit Ressourcen, zunehmend an Bedeutung. Zur Darstellung von Fahr-, Arbeits- und Komfortfunktionen werden in mobilen Arbeitsmaschinen und deren Anbaugeräten aufgrund der hohen Leistungsdichte und der hohen Flexibilität häufig hydraulische Antriebe eingesetzt. In der Entwicklung von hydraulischen Komponenten wurden in den vergangenen Jahrzehnten große Fortschritte hinsichtlich einer Verbesserung der Wirkungsgrade erzielt. Während für Komponenten heute nur noch ein geringes Optimierungspotential erwartet wird, steckt ein großes Potential in der Systementwicklung, indem Komponenten, Systemarchitekturen und Betriebsstrategien so eingesetzt werden, dass die zu erfüllende Arbeitsaufgabe mit geringst möglichem Einsatz an Material, Arbeitszeit und Primärenergie durchgeführt werden kann. Zur Verbesserung des Wirkungsgrades von hydraulischen Systemen wurden, ausgehend von Konstantstromsystemen, Konstantdrucksysteme und weiter Load Sensing-Systeme (LS-Systeme) entwickelt. Letztere entsprechen dem Stand der Technik und kommen vorwiegend in Maschinen im mittleren bis oberen Leistungs- und Preissegment zum Einsatz. Nachteilig an LS-Systemen sind jedoch prinzipbedingte Verluste, insbesondere beim parallelen Betrieb unterschiedlich belasteter Verbraucher, die in fortschrittlichen Konstantdrucksystemen prinzipiell vermieden werden können [1]. In Unterscheidung zu konventionellen Konstantdrucksystemen mit widerstandgesteuerten Antrieben ermöglichen Komponenten mit variablem Verdrängervolumen (verstellbare Verdrängereinheiten [2], hydraulische Transformatoren [3] oder Hydraulikzylinder mit diskontinuierlich verstellbarer Zylinderfläche [4]) die gesteuerte bzw. geregelte Anpassung der Verbraucher an das konstante Systemdruckniveau. Neben funktionalen Aspekten (z.B. hohe Regelgüte) versprechen diese Technologien hohe Systemwirkungsgrade. Zur quantitativen Untersuchung der Energieeffizienz einer mobilen Arbeitsmaschine mit parallelen sekundärgeregelten Verstellantrieben wurde am Lehrstuhl für Mobile Arbeitsmaschinen auf Basis eines Traktors mit hydraulischem Mineraldüngerstreuer ein Funktionsmuster aufgebaut und in typischen Einsatzsituationen getestet.

2 Bewertung der Energieeffizienz

Für die Bewertung der Energieeffizienz eines Hydrauliksystems stellen die mechanische Leistungsaufnahme der Hydraulikpumpe(n) $P_{P,zu,i}$ und die an den Verbrauchern abgegebene mechanische Nutzleistung $P_{M,ab,i}$ eine geeignete Systemgrenze dar.

Der Systemwirkungsgrad berechnet sich somit definitionsgemäß zu:

$$\eta_{Sys} = \frac{\sum_{i=1}^{v} P_{M,ab,i}}{\sum_{i=1}^{p} P_{P,zu,i}} \qquad [1]$$

In Abbildung 1 sind die Nutz- und Verlustleistungen in Form von p-Q-Diagrammen beim parallelen Betrieb von zwei Verbrauchern unter Berücksichtigung eines konkreten Lastfalls bei einem widerstandsgesteuerten Load-Sensing-System und bei einem Konstantdrucksystem mit sekundärgeregelten Motoren gegenübergestellt. Die Diagramme sind maßstäblich dargestellt und auf den theoretisch maximalen Pumpenvolumenstrom $Q_{P,max}$ bei konstanter Pumpendrehzahl n_P sowie den zulässigen maximalen Systemdruck $P_{Sys,max}$ normiert.

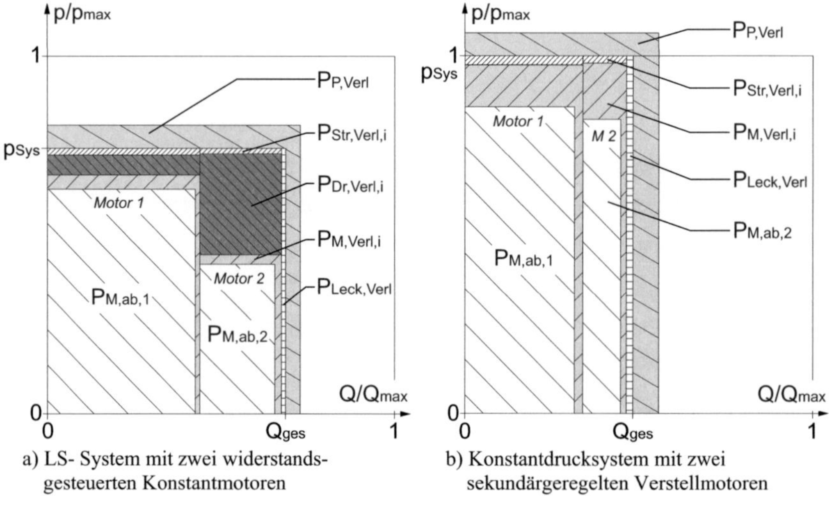

a) LS- System mit zwei widerstandsgesteuerten Konstantmotoren

b) Konstantdrucksystem mit zwei
sekundärgeregelten Verstellmotoren

Abb. 1: Darstellung von Nutz- und Verlustleistungen

Zur vollständigen Darstellung der Nutz- und Verlustleistungen des Hydrauliksystems bei der verwendeten Systemgrenze im p-Q-Diagramm wird mit $P_{P,Verl}$ der volumetrische und hydraulisch-mechanische Wirkungsgrad der Hydraulikpumpe berücksichtigt. $P_{P,Verl}$ wird daher in Form eines theoretischen Druck- und Volumenstromverlustes im p-Q- Diagramm abgebildet.

Während die mechanische Leistungsabgabe $P_{M,ab,1}$ und $P_{M,ab,2}$ bei beiden Systemkonfigurationen identisch ist (gleiche Fläche im p-Q-Diagramm) weichen die einzelnen Verlustanteile teilweise erheblich voneinander ab. Beim LS-System treten prinzipbedingt Drosselverluste an den Steuerkanten der Individualdruckwaagen auf, so dass, insbesondere in den Hydraulikpfaden der Verbraucher mit geringerem Lastdruck, die Drosselverluste $P_{Dr,Verl,i}$ den größten Verlustanteil darstellen. Beim Konstantdrucksystem resultiert der größte Verlustanteil $P_{M,Verl,i}$ aus dem Wirkungsgrad der Verstellmotoren. Drosselverluste an Steuerkanten entfallen bei diesem verdrängergesteuerten System gänzlich. Aufgrund des höheren Systemdrucks und des kleineren Schwenkwinkels beim Konstantdrucksystem verschlechtert sich der Wirkungsgrad der Verstellpumpe gegenüber dem LS-System. Die Strömungsverluste $P_{Str,Verl,i}$ in den Verbraucherpfaden sind vorrangig volumenstromabhängig und fassen die Druckabfälle in Zu- und Rückleitungen sowie in den durchströmten Komponenten zusammen. Beim Konstantdrucksystem wurden den Verstellmotoren zusätzliche Sicherheitsventile vorgeschaltet die im Vergleich zum LS-System zu einer Erhöhung der Strömungsverluste führen. $P_{Leck,Verl}$ ist abhängig vom Systemdruck und berücksichtigt innere Leckagen die an Ventilschiebern und weiteren Komponenten auftreten. Beim betrachteten Lastfall ist die mechanische Leistungsaufnahme der Verstellpumpe geringer trotz identischer Leistungsabgabe der Motoren, somit ist die Energieeffizienz des Konstantdrucksystems im betrachteten Fall höher als die des LS-Systems. Ein Hydrauliksystem mit sekundärgeregelten Verstellantrieben ist jedoch nicht zwangsläufig energieeffizienter als ein LS-System mit widerstandsgesteuerten Verbrauchern. Eine belastbare Aussage hinsichtlich des tatsächlichen Energieeinsparpotentials bedarf einer individuellen Analyse des Einsatzverhaltens einer konkreten Anwendung und der betriebspunktabhängigen Komponentenwirkungsgrade. Innerhalb eines Forschungsvorhabens wurden die mechanischen Leistungsflüsse an den Pumpen- und Motorwellen als Systemgrenze für die Bewertung des Systemwirkungsgrades bestimmt. Anhand eines im Simulationsmodell hinterlegten Verbrauchskennfeldes des Dieselmotors werden zusätzlich die Auswirkungen auf den Kraftstoffverbrauch ermittelt.

3 Konzept des Konstantdruck- Versuchsträgers

Als Versuchsträger werden ein hydraulischer Zwei-Scheiben-Mineraldüngerstreuer Typ Rauch AXERA H-EMC und ein Fendt 412 Vario genutzt. Aufgrund des breitgefächerten Drehzahl- und Lastbereichs der drei rotatorischen Antriebe und der günstigen Bauraumsituation ist der verwendete Mineraldüngerstreuer als Versuchsanwendung geeignet.

Das in Abbildung 2 dargestellte Konzept sieht vor, dass die bei der Ausgangsmaschine vorhandenen Funktionen sowie die Leistungsfähigkeit zwecks Vergleichbarkeit im Konstantdruck- Versuchsträger erhalten bleiben.

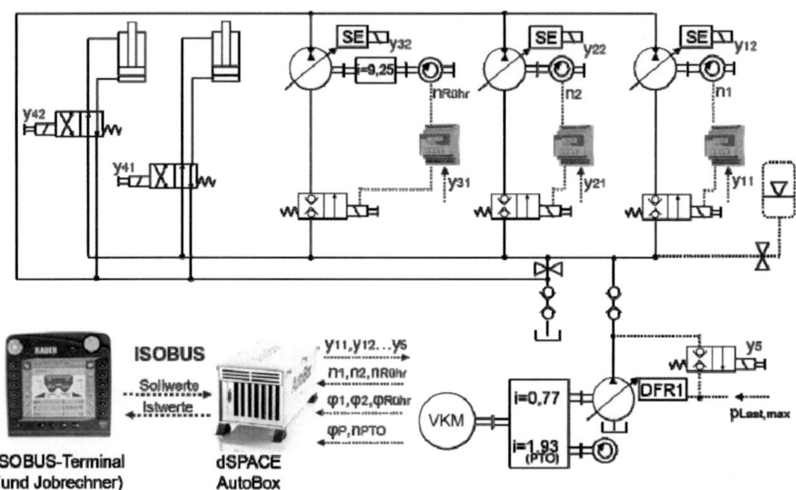

Abb. 2: Konzept des Konstantdruck-Versuchsträgers

Die Hydromotoren zum Antrieb der Streuscheiben des Düngerstreuers sind im LS-Ausgangszustand als Außenzahnradmotoren ausgeführt. Bei dem widerstandsgesteuerten System werden die Streuscheibendrehzahlen über die Volumenströme mittels Proportional-Wegeventilen geregelt. Der Antrieb des langsam laufenden Rührwerkantriebs ist als Orbitalmotor am Stromregelventil realisiert. Die beiden hydraulischen Linearantriebe der so genannten Aufgabepunktverstellung bleiben bei der Untersuchung unberücksichtigt da diese im Realeinsatz nur selten betätigt werden. Der Versuchsträger wird über die Power-Beyond- Schnittstelle des Traktors versorgt.

Zur Darstellung der Konstantdruckversorgung wird über ein elektrisch ansteuerbares Wegeventil ein Kurzschluss zwischen Pumpenausgang und dem Steueranschluss des Förderstromreglers (DFR1) im LS-System hergestellt. Hierdurch wird die LS-Druckwaage im Förderstromregler in der Durchflussstellung blockiert, die Funktion des nachgeschalteten Druckreglers bleibt erhalten. Die Verstellpumpe arbeitet somit druckgeregelt und stellt den erforderlichen Volumenstrom mit dem an der Maximaldruckbegrenzung eingestellten Wert bis zum Erreichen des maximalen Pumpenschwenkwinkels bereit. Zur Reduzierung von Druckschwankungen wird ein zentraler Dämpfungsspeicher eingesetzt.

Die Verstellmotoren für den Antrieb der Streuscheiben wurden auf Basis der Anforderungen entwickelt und sind als Axialkolbeneinheiten in Schrägscheibenbauweise für den motorischen Betrieb in zwei Quadranten ausgeführt. Die Verstellung des Verdrängervolumens erfolgt elektro-proportional. Die Schwenkwinkel (φ_1, φ_2, $\varphi_{Rühr}$) und die Wellendrehzahlen (n_1, n_2, $n_{Rühr}$) werden zurückgeführt. Aufgrund des geringen Leistungsbedarfs konnte innerhalb des Forschungsvorhabens der Verstellmotor für den Rührwerkantriebs nicht in der erforderlichen Baugröße dargestellt werden. Stattdessen wird ein zu den Streuscheibenantrieben baugleicher Motor mit nachgeschalteter Getriebestufe eingesetzt und im Teillastbereich betrieben. Als Steuerungshardware wird eine dSPACE Autobox verwendet. Das ISOBUS-Terminal des Düngerstreuers wird weiterhin als Bedienschnittstelle genutzt, die Kommunikation zwischen Terminal und dSPACE-Box erfolgt über ISOBUS. Die Verstellmotoren werden im Drehzahlregelkreis am Netz mit konstantem Versorgungsdruck betrieben, die drei Drehzahlregelkreise werden mit PI-Reglern geschlossen. Die Regelparameter wurden mit dem experimentellen Entwurfsverfahren nach Ziegler-Nichols am Motorenprüfstand ermittelt und am Versuchsträger optimiert. Es zeigt sich, dass mit jeweils einem universellen PI-Parametersatz stabile Drehzahlregelungen für das vollständige Last- und Drehzahlspektrum der drei rotatorischen Antriebe realisiert werden können. Die auf diesem Weg erreichten Einregelzeiten und die Sollwertfolge entsprechen den Anforderungen des Seriendüngerstreuers. Durch den 2-Quadrantenbetrieb der Verstellmotoren kann die Drehzahl „0" („aktiver Stillstand") eingeregelt werden. Zum Schutz vor Anlaufen bei auftretenden Störgrößen und aus energetischen Gründen kann die hydraulische Energiezufuhr mit Sitzventilen unterbrochen werden. Übergeordnete Drehzahlwächter mit elektrischer Selbsthaltefunktion führen zum Schließen der Sitzventile bei Überdrehzahlen, Spannungsausfall oder bei Betätigung von NotAus.

4 Einsatzspektrum eines Mineraldüngerstreuers

Der betrachtete Zwei-Scheiben-Düngerstreuer wird im realen Einsatz mit wechselnden Streugütern, Streubreiten und Ausbringmengen betrieben, die zu unterschiedlichen Drehzahlen und Drehmomenten an den Streuscheiben (n_1, n_2, M_1, M_2) und am Rührwerkantrieb ($n_{Rühr}$, $M_{Rühr}$) führen. Innerhalb des Forschungsvorhabens werden Vergleichsmessungen mit dem Mineraldüngerstreuer im LS-Ausgangszustand und in der Konstantdruckkonfiguration unter reproduzierbaren Randbedingungen durchgeführt und hierbei die relevanten mechanischen und hydraulischen Größen messtechnisch erfasst. Als Streugut wird Feinkies verwendet.

Die Betriebsarten des Düngerstreuers lassen sich wie folgt charakterisieren:

- Normalstreuen (n_1= n_2; $M_1 \approx M_2$; $n_{Rühr}$= 24 1/min)
- Randstreuen ($n_1 \neq n_2$; $M_1 \neq M_2$; $n_{Rühr}$ = 24 1/min)
- Grenzstreuen ($n_1 \neq n_2$; $M_1 \neq M_2$; $n_{Rühr}$ = 24 1/min)
- Wenden am Feldende ((n_1= n_2; $M_1 \approx M_2 \approx 0$; $n_{Rühr}$= 0)

Beim Normalstreuen handelt es sich um eine Betriebsart, bei der durch identische Streuscheibendrehzahlen und identische Ausbringmenge die beiden Streuscheibenantriebe symmetrisch belastet werden. Normalstreuen wird zur Erzeugung eines gleichmäßigen Streubildes in der Feldmitte eingesetzt. Als Randstreuen wird das ertragsorientierte Ausbringen von Düngemittel am Feldrand bezeichnet. Für eine homogene Düngerverteilung als Voraussetzung für gleichmäßige Nährstoffversorgung bis zum Feldrand wird in Kauf genommen, dass Düngemittel über den Feldrand hinaus verteilt wird. Im Gegensatz dazu darf beim umweltorientierten Grenzstreuen kein Dünger über die Feldgrenze hinausgebracht werden. Vor der Feldgrenze wird eine Unterdüngung in Kauf genommen. Beim Rand- und Grenzstreuen sind die Streuscheibenantriebe asymmetrisch belastet. Beim Wenden am Feldende wird kein Dünger ausgebracht; die Streuscheiben laufen im Leerlauf und das Rührwerk ist inaktiv.

Mit Unterstützung des Herstellers wurden 14 typische Einsatzszenarien definiert welche das Einsatzspektrum des Düngerstreuers abdecken. In Abbildung 3 sind die Arbeitspunkte der Antriebswellen im laufenden Betrieb bei den 14 Einsatzszenarien dargestellt.

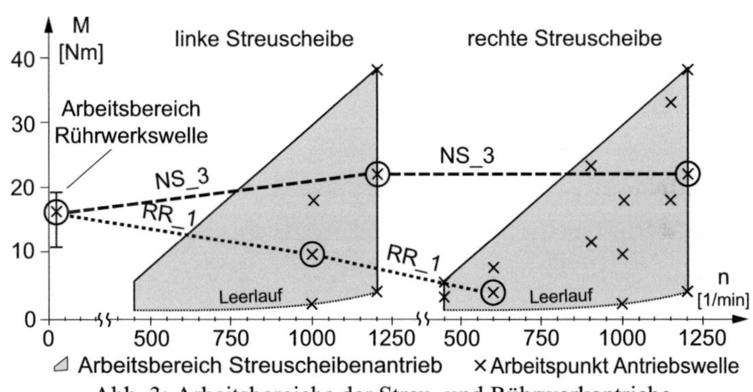

Abb. 3: Arbeitsbereiche der Streu- und Rührwerkantriebe

Die Streubreite wird durch Streuscheibendrehzahlen zwischen 450 und 1200 1/min eingestellt. Die Streumenge wird für jede Streuscheibe einzeln über den Öffnungsgrad der so genannten Dossierschieber vorgegeben. In Abhängigkeit von Streumenge und Streuscheibendrehzahl treten beim Streuen mit Feinkies Drehmomente bis 38 Nm auf. Die Rührwerkswelle wird mit einer konstanten Drehzahl von 24 1/min betrieben, die Drehmomente betragen in Abhängigkeit vom Drehwinkel der Rührfinger zwischen 11 und 19 Nm. In Abbildung 3 sind die Arbeitspunkte der in Abbildung 4 und Abbildung 5 dargestellten Einsatzszenarien „Normalstreuen *NS_3*" und „Randstreuen *RR_1*" hervorgehoben.

5 Gegenüberstellung von Nutz- und Verlustleistungen

Auf Basis der Messungen mit dem Versuchsträger und dem entsprechenden Leistungsflussmodell mit hinterlegten Wirkungsgradkennfeldern der eingesetzten Komponenten wurden die Leistungsflüsse beim LS- Ausgangszustand und beim Konstantdruck-Versuchsträger bestimmt. Die Baugröße des Verstellmotors des Rührwerkantriebs wurde hierbei im Leistungsflussmodell angepasst. Wie in Abschnitt 2 erläutert wird in dieser Veröffentlichung die Systemeffizienz als Quotient aus zugeführter und abgegebener mechanischer Leistung berechnet. In Form von p-Q- Diagrammen werden nun folgend die Nutz- und Verlustleistungen ausgewählter Einsatzszenarien dargestellt.

Beim Normalstreuen (vgl. Abbildung 4) werden die beiden Streuscheibenantriebe symmetrisch belastet, so dass sowohl die Lastdrücke als auch die anfallenden Verlustleistungen annähernd identisch sind. Der Lastdruck des Rührwerkantriebs ist im laufenden Betrieb stets kleiner als bei den Streuscheibenantrieben; beim LS-System werden deshalb die Lastdrücke der Streuscheibenantriebe an den Druck-Förderstromregler der Verstellpumpe gemeldet und geben den Systemdruck p_{Sys} vor. Im Hydraulikpfad des Rührwerkantriebs fallen am Stromregler bei geringer Leistungsaufnahme des Orbitalmotors hohe Drosselverluste an. Aufgrund höherer Anlaufmomente und Lastspitzen im laufenden Betrieb wurde dieser Antrieb vom Hersteller mit einer hohen Leistungsreserve ausgelegt. Durch den Einsatz eines Verstellmotors in angepasster Baugröße für den Rührwerkantrieb können die Drosselverluste deutlich reduziert werden.

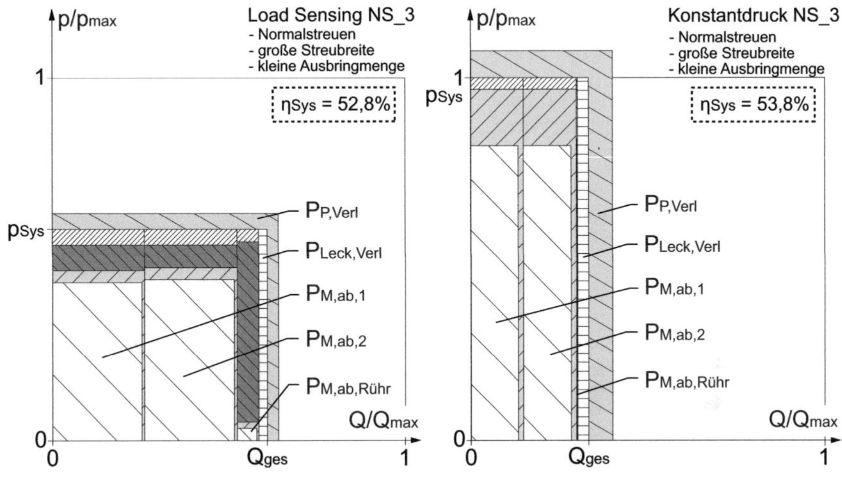

Abb. 4: Normalstreuen mit großer Streubreite und kleiner Ausbringmenge

Der Systemwirkungsgrad erhöht sich beim betrachteten Einsatzszenario *NS_3* trotz optimiertem Rührwerkantrieb bei der Konstantdruckkonfiguration nur geringfügig von 52,8% auf 53,8%. Bei identischer mechanischer Leistungsabgabe der drei Verstellmotoren ist bei Konstantdruckversorgung mit $p_{Sys} = p_{max}$ der von der Pumpe abgegebene Volumenstrom in diesem Fall erheblich kleiner als im LS-System. Die resultierende Reduzierung des Schwenkwinkels in Kombination mit dem gestiegenen Druck führt zur merklichen Verschlechterung von volumetrischem und hydraulisch-mechanischem Pumpenwirkungsgrad. Die Reduzierung des Volumenstroms führt zu geringeren Strömungsverlusten, im Gegenzug steigt die innere Leckage im System aufgrund des gesteigerten Systemdrucks. In einem weiteren Normalstreuszenario *NS_4* mit identischer Streuscheibendrehzahl und höherer Ausbringmenge erhöht sich die Systemeffizienz von 56,9% auf 66%.

Bei dem in Abbildung 5 betrachteten Szenario *RR_1* „Randstreuen mit kleiner Streubreite und kleiner Ausbringmenge" mit asymmetrischer Leistungsverteilung verschlechtert sich die Effizienz von 30,1% beim LS-System auf 27,2% beim Konstantdrucksystem.

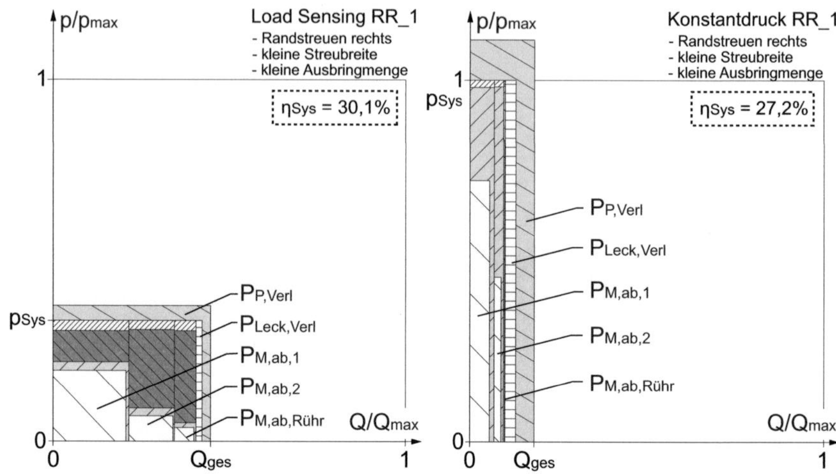

Abb. 5: Randstreuen mit kleiner Streubreite und kleiner Ausbringmenge

Beim LS-System treten insbesondere beim gering belasteten Streuscheibenantrieb sowie beim Rührwerkantrieb hohe Drosselverluste an den Steuerkanten der Individualdruckwaagen auf. Aufgrund des Systemdrucks $p_{Sys}=p_{max}$ bei geringer umgesetzter Leistung werden beim Konstantdrucksystem sowohl die Verstellmotoren als auch die Verstellpumpe bei kleinen Schwenkwinkeln $\varphi \leq 0,3$ mit ungünstigen Wirkungsgraden betrieben. Der hohe Versorgungsdruck führt zu erhöhter Leckage und trägt zur Verschlechterung der Systemeffizienz bei.

In Abbildung 6 ist die mechanische Leistungsaufnahme der Verstellpumpe bei den 14 untersuchten Einsatzszenarien des Konstantdrucksystems mit sekundärgeregelter Verstellmotoren bezogen auf den LS-Ausgangszustand dargestellt. Jeder Datenpunkt repräsentiert einen Arbeitspunkt von linkem Streuscheibenantrieb (Index „1"; x-Achse), rechtem Streuscheibenantrieb (Index „2"; y-Achse) und Rührwerkantrieb. Vor dem Hintergrund einer quasi identischen Leistungsabgabe des Rührwerkantriebs bei fast allen Einsatzszenarien (Ausnahme: Wenden am Feldende) ist eine zweidimensionale Darstellungsweise möglich. Die mechanische Leistungsabgabe $P_{M,ab,i}$ der Antriebe ist jeweils normiert auf die Leistungsabgabe beim Einsatzszenario NS_4. Die Arbeitspunkte für Normalstreuen und für Wenden am Feldende befinden sich auf der Winkelhalbierenden des 1. Quadranten. Aufgrund der Versuchsrandbedingung, dass beim Grenz- bzw. Randstreuen die Streubreite und Ausbringmenge stets am rechten Streuscheibenantrieb angepasst wird, befinden sich die jeweiligen Datenpunkte stets unterhalb der Winkelhalbierenden. Auf die Darstellung des Bereichs oberhalb der Winkelhalbierenden konnte verzichtet werden, da er spiegelbildlich zur Winkelhalbierenden ist.

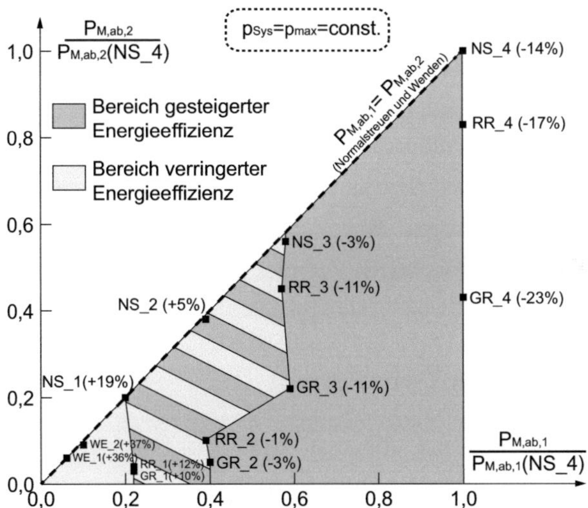

Abb. 6: Energieeffizienz des Versuchsträgers bei LS- und Konstantdruckversorgung

Auf Basis der Abweichung bei der Energieaufnahme der beiden Hydraulikkonfigurationen sind in Abbildung 6 Bereiche mit gesteigerter und verringerter Energieeffizienz eingezeichnet. Der Grenzbereich, für den keine gemessenen Werte vorliegen, ist schraffiert dargestellt. Die Bestimmung des exakten Verlaufs der Grenze kann anhand weiterer Messungen oder in der Simulation erfolgen.

Anhand des Diagramms lassen sich folgende Tendenzen ableiten:

- Das relative Effizienzsteigerungspotential eines Hydrauliksystems mit rotatorischen Verbrauchern durch den Einsatz eines Konstantdrucksystems mit sekundärgeregelten Antrieben ist beim Betrieb asymmetrisch belasteter Verbraucher größer als bei symmetrischer Belastung.

- Ein hohes Effizienzsteigerungspotential besteht dann, wenn mindestens der höchstbelastete Verbraucher mit großem Schwenkwinkel arbeitet. Sofern dieser Verbraucher aufgrund kleiner Last und hohem Systemdrucks im Teillastbereich mit kleinen Schwenkwinkeln ($\varphi \leq 0{,}3..0{,}5$) betrieben wird ist ein LS-System mit widerstandgesteuerten Antrieben energieeffizienter.

Unter der Voraussetzung, dass die beiden höchstbelasteten Verbraucher (beim Düngerstreuer: die Streuscheibenantriebe) in der gleichen Baugröße ausgeführt sind, gelten diese Erkenntnisse auch für weitere Anwendungen mit mindestens zwei rotatorischen Verbrauchern.

6   Maßnahmen zur Optimierung

Im Rahmen des Forschungsvorhabens wurde aufgezeigt, dass die Energieeffizienz der beiden betrachteten Hydrauliksysteme stark abhängig vom Betriebspunkt der Pumpe und der Motoren sowie von der Verteilung der Leistungsflüsse auf die Verbraucherpfade ist. Während in Einsatzszenarien mit hoher Leistungsabgabe das Konstantdrucksystem dem LS-System hinsichtlich Effizienz überlegen ist, wirken sich die Wirkungsgrade der Verstelleinheiten im Teillastbereich bei kleinen Schwenkwinkeln sowie die druckabhängige Leckage nachteilig auf die Systemeffizienz des Konstantdrucksystems aus.

Durch eine Anpassung des Versorgungsdruckes kann hier eine Verbesserung erreicht werden. Entsprechende sekundärregelte Systeme mit geregelt veränderlichem Versorgungsdruck werden in der Literatur vorgeschlagen [5,6]. Anhand eines validierten Leistungsflussmodells des Konstantdruck-Versuchsträgers wurde das Potential eines Hydrauliksystems mit angepasstem Versorgungsdruck untersucht. Der im Modell angewendete Algorithmus regelt den Systemdruck derart, dass der Schwenkwinkel des am höchsten belasteten Verbrauchers stets $\varphi = 0{,}9$ beträgt. Hierdurch vergrößern sich die Schwenkwinkel aller Verstellmotoren und führen zu Betriebspunkten mit höherem Wirkungsgrad. Zusätzlich verlagert sich der Betriebspunkt der Verstellpumpe aufgrund der gesteigerten Volumenströme bei geringerem Systemdruck in Richtung höheren Wirkungsgrades. Die pauschal angenommene Schwenkwinkelreserve von 10% wird zur Überbrückung von Lastspitzen vorgehalten. In Abbildung 7 sind die Nutz- und Verlustleistungen der exemplarischen Szenarien Normalstreuen *NS_3* und Randstreuen *RR_1* im System mit angepasstem Versorgungsdruck dargestellt.

Die Systemeffizienz verbessert sich in den Szenarien *NS_3* und *RR_1* (vgl. Abbildung 7 mit Abbildung 4 und Abbildung 5) gegenüber dem LS-System und gegenüber dem Konstantdrucksystem mit vorgegebenem hohem Versorgungsdruck auf 65,4% bzw. 46,9%. Dies ist eine deutliche Verbesserung gegenüber dem Ausgangszustand.

In Abbildung 8 ist die Energieeffizienz des Versuchsträgers bei den 14 Einsatzszenarien bei angepasstem Versorgungsdruck dem LS-Ausgangszustand gegenübergestellt.

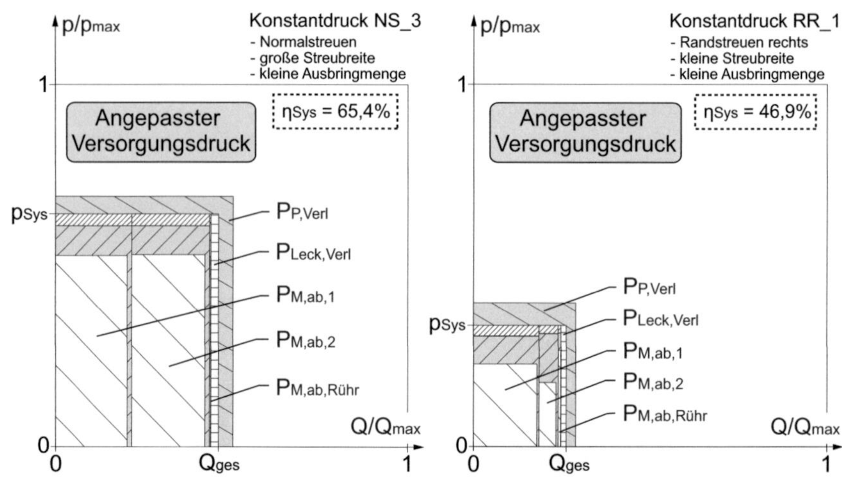

Abb. 7: Konstantdrucksystem mit angepasstem Versorgungsdruck

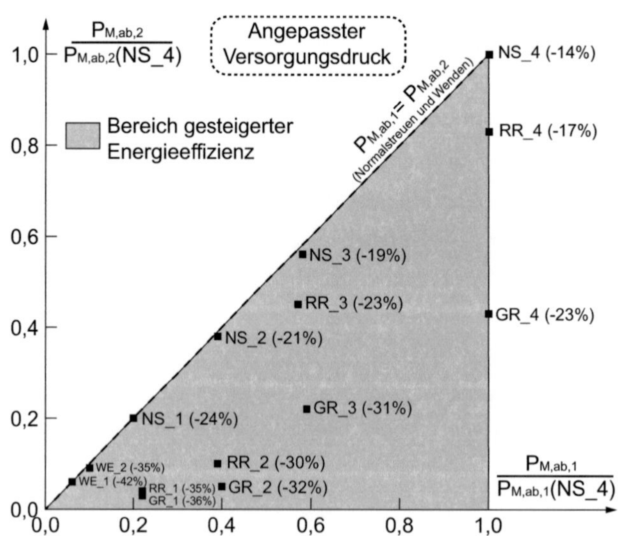

Abb. 8: Energieeffizienz beim System mit angepasstem Versorgungsdruck

Anhand der dargestellten Werte ist ersichtlich, dass beim Einsatz eines Konstantdrucksystems mit sekundärgeregelten Antrieben und angepasstem Versorgungsdruck bei allen Einsatzszenarien eine Steigerung der Energieeffizienz möglich ist. Vor dem Hintergrund, dass bei den Einsatzszenarien NS_4, RR_4 und GR_4 der angepasste Versorgungsdruck dem maximalen Systemdruck $p_{Sys}= p_{max}$ entspricht, ist es plausibel, dass die Energieeffizienz dieser Einsatzszenarien mit den in Abbildung 6 angegebenen Werten übereinstimmt. Das relative Effizienzsteigerungspotential gegenüber dem LS-Ausgangszustand ist im Teillastbereich am größten und sinkt mit dem Ansteigen der umgesetzten Leistung. Die anhand von Abbildung 6 abgeleitete Tendenz, dass das Effizienzsteigerungspotential beim parallelen Betrieb asymmetrisch belasteter Verbraucher höher liegt als beim Betrieb symmetrisch belasteter Verbraucher, wird in Abbildung 8 für ein System mit angepasstem Versorgungsdruck bestätigt.

7 Zusammenfassung und Ausblick

Innerhalb des vorgestellten Forschungsvorhabens wurde am Beispiel eines Traktors mit hydraulischem Mineraldüngerstreuer das Potential zur Steigerung der Energieeffizienz durch den Einsatz von sekundärgeregelten Verstellmotoren untersucht. Hierzu wurde ein funktionsfähiger Versuchsträger mit drei parallel betriebenen Axialkolbenmotoren in Schrägscheibenbauweise für den motorischen Betrieb in 2 Quadranten aufgebaut und die Nutz- und Verlustleistungen in typischen Einsatzszenarien bestimmt. Anhand von Messungen konnte eine Steigerung der Energieeffizienz gegenüber dem LS-Ausgangssystem bei identischer Leistungsfähigkeit nachgewiesen werden.

Die tatsächliche Reduzierung der als Kriterium gewählten mechanischen Leistungsaufnahme der Verstellpumpe ist jedoch stark abhängig vom Lastfall. Beim Betrieb des Konstantdruck–Versuchsträgers mit dem Maximaldruck des LS-Systems reduziert sich die Leistungsaufnahme der Verstellpumpe bei Einsatzszenarien mit hoher Leistung um bis zu 23,2%. Bei geringer Leistungsanforderung erhöht sich die Leistungsaufnahme der Verstellpumpe jedoch um bis zu 18,8%. Als Ursachen hierfür werden die ungünstigen Wirkungsgrade von Verstellpumpen und Verstellmotoren im Teillastbereich bei hohem Systemdruck und kleinen Schwenkwinkeln sowie druckabhängige Leckagen identifiziert. Durch Anpassung des Versorgungsdruckes derart, dass der höchstbelastete Verstellmotor mit einem großen Schwenkwinkel arbeitet und alle Verstellantriebe entsprechend weiter ausschwenken, kann die Energieeffizienz weiter gesteigert werden. Die mechanische Leistungsaufnahme reduziert sich hierdurch bei den betrachteten Einsatzszenarien um 13,8% bis 36,2% gegenüber dem Ausgangszustand.

Eine Übertragung von Erkenntnissen aus dem Forschungsvorhaben ist insbesondere auf mobile Arbeitsmaschinen mit mehreren parallel betriebenen rotatorischen Verbrauchern möglich. Im Bereich der Traktor-Anbaugeräte werden beispielsweise in Gülletankwagen, Sämaschinen und gezogenen Kartoffelerntemaschinen Motoren mit wechselnden Lasten und Drehzahlen betrieben. Die hydraulisch umgesetzte Leistung der genannten Anwendungen ist sowohl absolut als auch relativ, bezogen auf die Motorleistung des Traktors, höher, so dass hier insgesamt hohe Kraftstoffeinsparungen zu erwarten sind. Auch zahlreiche Selbstfahrer, z.B. Erntemaschinen, Schneeräummaschinen, Kehrmaschinen, Teerdeckenfertiger und Futtermischfahrzeuge, sind aufgrund ihrer Arbeitsaufgaben vielversprechend.

Danksagung

Das Forschungsvorhaben wurde aus Mitteln des Fördervereins Mobile Arbeitsmaschinen e.V. (MOBIMA) finanziert; hierfür bedankt sich die Forschungsstelle sehr herzlich bei allen Mitgliedsfirmen und der Geschäftsstelle; ebenso für die aktive Beteiligung am Arbeitskreis und die großzügige Unterstützung mit Sachspenden und Informationen bei den Firmen AGCO/Fendt, Bosch Rexroth, Bucher Hydraulics, Daimler (Bereich Unimog), HY-DAC International, Rauch Landmaschinenfabrik und Sauer Danfoss, sowie

persönlich bei Herrn Peter Synek als Leiter der Geschäftsstelle des Fördervereins und Vertreter des VDMA.

Literaturverzeichnis

[1] Dreher, T.: The Capability of Hydraulic Constant Pressure Systems
with a focus on Mobile Machines, 6th FPNI-PhD Symp. , West Lafa-
yette, 2010, S. 579-588.

[2] Murrenhoff, H.: Regelung von verstellbaren Verdrängereinheiten am
Konstant-Drucknetz, Dissertation, RWTH Aachen, 1983.

[3] Vael, G.; Achten, P.; Inderelst, M.; Murrenhoff, H.: Hydrid- Antrieb für
Gabelstapler, Tagung Hybridantriebe für mobile Arbeitsmaschinen,
Karlsruhe, 2009, S. 157-168.

[4] Bishop, E.D.: Digital Hydraulic transformer- Approaching theoretical
perfection in hydraulic drive efficiency, 11th Scandinavian International Conference on Fluid Power, Linköping, 2009, S. 54-55.

[5] Zähe, B.: Energiesparende Schaltungen hydraulischer Antriebe mit
veränder-lichem Versorgungsdruck und ihre Regelung, Dissertation,
RWTH Aachen, 1993.

[6] Dengler, P.; Völker, L.; Kauß, W.; Geimer, M.: Efficiency optimisation
of tracked vehicle using secondary control in a single-circuit load sensing system, 7th International Fluid Power Conference, Aachen 2010,
conference proceedings vol. 3, S. 115-126.

Sekundärmaßnahmen zur Geräuschminderung an einer hydraulischen Achse

Dr.-Ing. Alfred Langen, Dipl.-Ing. Martin Bergmann, Dipl.-Ing. Markus Gesser

Linde Material Handling GmbH, 63741 Aschaffenburg, Deutschland

Kurzfassung

Mobile Arbeitsmaschinen besitzen meist eine Chassis-Struktur, die sehr leicht durch Körperschall-Anregung des Antriebsstranges zur Geräuschabstrahlung angeregt werden kann. Für ein gutes Geräuschverhalten müssen die Körperschall erzeugenden Komponenten möglichst nahe am Entstehungsort mechanisch abgekoppelt werden. Je weiter entfernt die Abkopplungs-Maßnahmen vom Entstehungsort realisiert werden, umso aufwendiger werden diese Maßnahmen, da sich die Übertragungswege verzweigen. Als klassische Komponente zur Abkopplung werden häufig Gummi-Metall-Elemente verwendet. Allerdings erreicht man bei ungünstigen Randbedingungen wie hoher mechanischer Belastung, hoher Umgebungstemperatur und ungünstigen Umgebungsbedingungen (z.B. Öl), sehr schnell die Einsatzgrenzen.

Dieser Beitrag zeigt am Beispiel einer Abkopplung mit Gummi-Metall-Lagern in der Antriebsachse eines Gabelstaplers die gute Wirksamkeit dieser Elemente, macht aber auch die Probleme im Hinblick auf die Dauerfestigkeit in dieser Anwendung deutlich. Als Alternative zur Verwendung von Elastomer-Elementen wird der Einsatz von Stahl-Federstäben mit vergleichbarer Steifigkeit untersucht. Anhand von Messergebnissen wird gezeigt, dass mit dieser Maßnahme nahezu dieselben Abkopplungseigenschaften erreicht werden, wie mit den Gummi- Metall- Elementen. Federstäbe unterliegen keiner Alterung und sind unproblematisch bezüglich der Dauerfestigkeit, allerdings muss der erforderliche Einbauraum dafür geeignet sein.

Stichworte

Körperschall, Abkopplung, Geräuschreduzierung, Dämpfungselemente

1   Einleitung

Die Anforderungen an den Arbeitsplatz des Bedieners einer mobilen Arbeitsmaschine haben in den letzten Jahren kontinuierlich zugenommen und werden auch in Zukunft weiter steigen. Verbesserungen bezüglich der Ergonomie sowie die Reduzierung von Geräusch und Vibration am Fahrer-Arbeitsplatz, lassen den Fahrer entspannter seine Arbeit verrichten. Er ist in der Lage, sich länger und konzentrierter seiner Aufgabe zu widmen, wodurch -sehr zum Nutzen des Betreibers- die Produktivität der Maschine entsprechend steigt.

Zur Reduzierung von Geräusch und Vibration werden primäre und sekundäre Maßnahmen eingesetzt. Primäre Maßnahmen zielen darauf ab, die Körperschallerzeugung einer Komponente gar nicht erst entstehen zu lassen, also das Übel an der Wurzel zu eliminieren. Sekundäre Maßnahmen sind erforderlich, um die vorhandene Körperschall-Anregung einer Komponente möglichst weitgehend zu isolieren, oder zumindest in Ausbreitungsrichtung im Fahrzeug zu dämpfen. Hierbei spricht man von Abkopplung.

Am Beispiel eines Gabelstaplers mit hydrostatischem Fahrantrieb sind sekundäre Abkopplungs- Maßnahmen erforderlich, um die Übertragung der Körperschallanregung der Hydraulikmotoren der Achse in den Fahrzeugrahmen zu dämpfen. Dadurch wird erreicht, dass der Fahrzeug-rahmen schwächer angeregt wird und entsprechend weniger Luftschall abstrahlt.

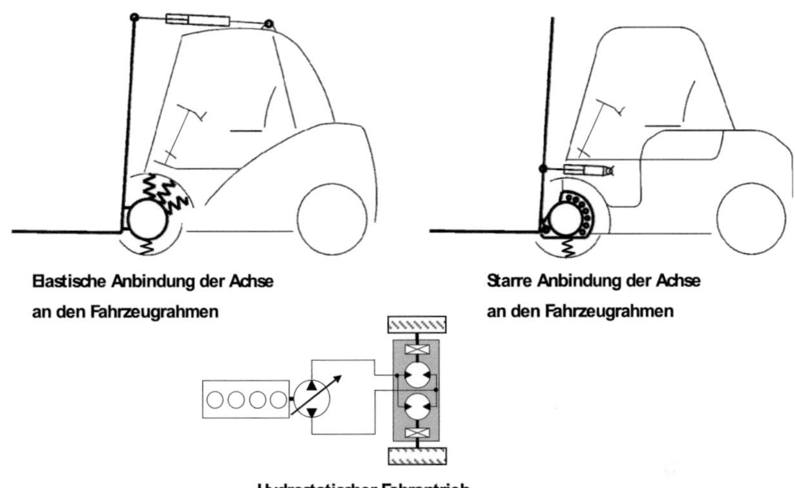

Abb.1: Achsanbindungen bei Gabelstaplern mit hydrostatischem Fahrantrieb

In Abbildung 1 sind zwei Befestigungsmöglichkeiten einer Achse am Fahrzeugrahmen dargestellt. Die linke Bildhälfte zeigt eine Befestigung über elastische Gummilager, in der rechten Bildhälfte ist die Achse starr mit dem Rahmen verschraubt. Bei einer starren Befestigung ist es erforderlich, dass die Hydraulikmotoren im Inneren der Achse in geeigneter Weise abgekoppelt werden. Bezogen auf die Achse spricht man in diesem Fall von einer „inneren Abkopplung", bei der Anbindung der Achse über elastische Elemente an den Rahmen spricht man von einer „äußeren Abkopplung". Abbildung 2 verdeutlicht die beiden Abkopplungsmöglichkeiten.

Im Weitern wird ausschließlich das Prinzip der „inneren Abkopplung" näher betrachtet.

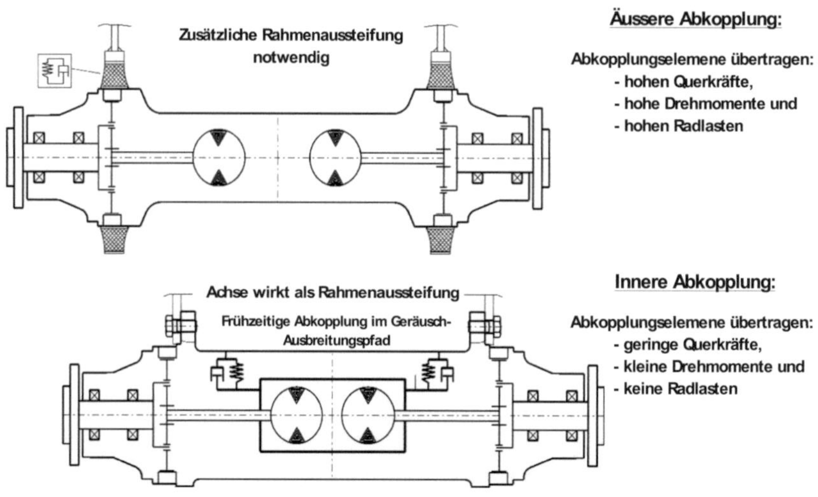

Abb.2:   Gegenüberstellung äußere und innere Geräuschabkopplung

2 Körperschallabkopplung über Gummi- Metall- Elemente

Bei der „inneren Abkopplung" der Achse wird das Gehäuse der Hydromotoren über Gummi- Metall-Lager mit dem Achsgehäuse verbunden, so dass keine metallische Verbindung zwischen beiden besteht. Aus Abbildung 3 ist die gewählte Position der Abkopplungselemente gut ersichtlich, Abbildung 4 zeigt als Foto die Hydromotoren mit den demontierten Gummi-Metall-Lagern.

Neben dem Übertragunsgweg des Körperschalls vom Motorengehäuse zum Achsgehäuse besteht noch ein zweiter und zwar von der Motorwelle ausgehend über Triebwelle, Getriebe und Radlagerung zum Achsgehäuse. Dieser Pfad enthält mehrere Trennstellen und verschiebbare Verzahnungen, sodass aufgrund der Fügestellendämpfung eine ausreichende Abkopplung besteht. Hier nicht dargestellte Messungen zeigen, dass dieser Ausbreitungspfad von untergeordneter Bedeutung ist.

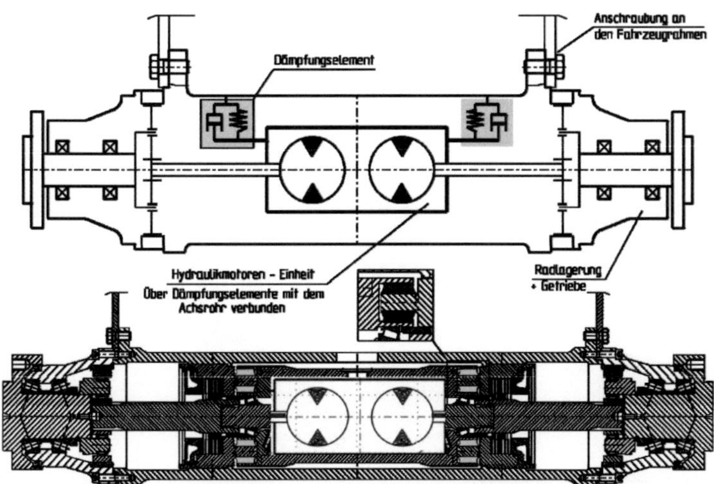

Abb.3: Achse mit Dämpfungselementen bei innerer Abkopplung

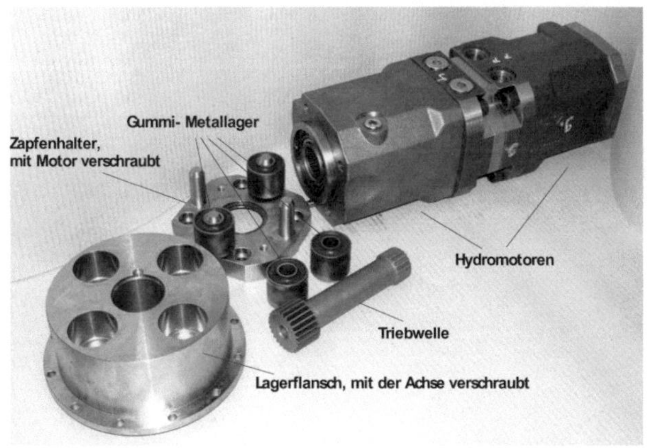

Abb.4: Hydromotoren mit Dämpfungselementen

Die Wirksamkeit der Abkopplung über Gummi-Metall-Lager wurde durch Messungen im Gabelstapler nachgewiesen. Die Körperschallanregung (3-Achsige Beschleunigung) auf dem Achsgehäuse in unmittelbarer Nähe der Befestigungsschrauben stellt die Anregung für den Fahrzeugrahmen dar. In Abbildung 5 sind die Frequenzspektren des Beschleunigungssignals vom Achsgehäuse für den Bauzustand ohne Abkopplung (oben) und mit Abkopplung (unten) über der Drehzahl des Verbrennungsmotors wiedergegeben. Dargestellt ist darin nur das Beschleunigungssignal in Fahrtrichtung des Staplers (tangentiale Richtung auf der Oberfläche der Achse), da in dieser Richtung die Anregungen am höchsten waren. Der Vergleich zeigt, dass die Wirkung der Abkopplung durch die Gummi-Metall-Lager hervorragend ist.

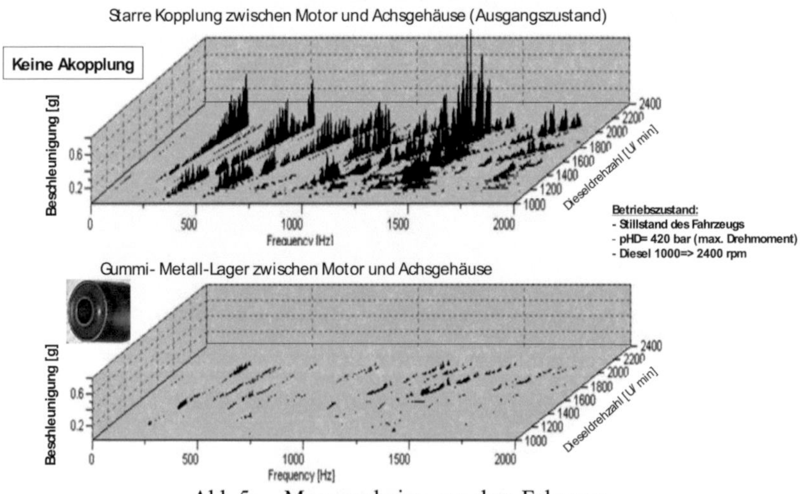

Abb.5:   Messergebnisse aus dem Fahrzeug

Leider sehen die Gummi-Metall-Lager im praktischen Einsatz nicht nur hochfrequente Beschleunigungen mit sehr kleinen Weg-Amplituden, sondern auch größere Verlagerungen aufgrund von Fahrbahnstößen. Messungen bei einer Fahrt über 30 mm hohe Schwellen mit einer Geschwindigkeit von 15 km/h zeigen, wie in Abbildung 6 wiedergegeben, eine Mittelachsverlagerung der Hydromotoren von 0,15 mm. Im ungünstigsten Fall wurden bis zu 0,3 mm gemessen.

Zur Absicherung der Dauerfestigkeit der Elastomer-Buchsen wurde ein Prüfstands-Dauerlauf mit erzwungener Achsverlagerung von ± 0,3 mm durchgeführt. Dazu wurden die in Abbildung 7 dargestellten Belastungskolben periodisch abwechselnd mit Druck beaufschlagt.

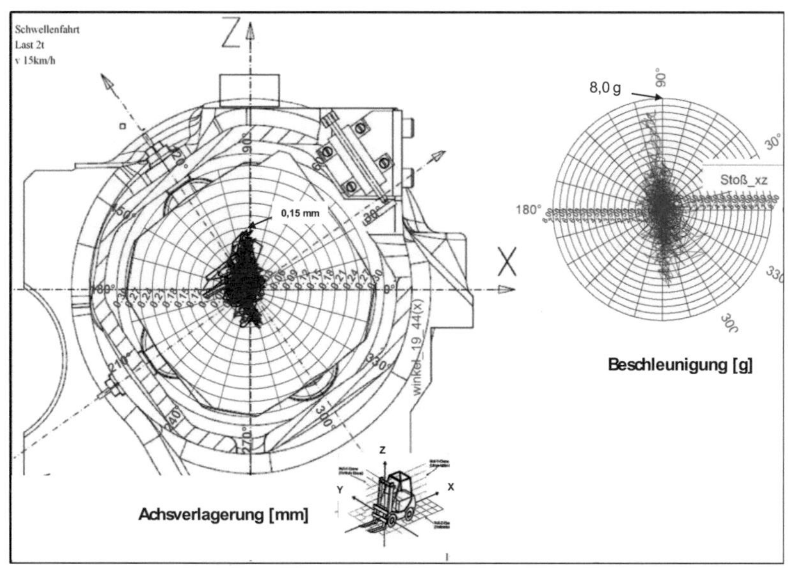

Abb.6:   Achsverlagerung der Hydraulikmotoren bei Schwellenfahrt

Der Radabtrieb wurde während des Dauerlaufs mit Drehmoment belastet, um die Auswirkung der Achsverlagerung auf die Verzahnung des Sonnenrades der Planetenstufe (Schrägstellung) mit betrachten zu können. Während sich die Verzahnung des Sonnenrades als problemlos erwies, zeigten die verwendeten Gummi-Metall-Lager aus 60NR11 (Naturkautschuk) nach 1000 Stunden Dauerlauf bei 75°C Öltemperatur jedoch Beschädigungen in Form von kleineren Rissen im Randbereich der Buchse und partiellen Ablösungen von der Außenschale.

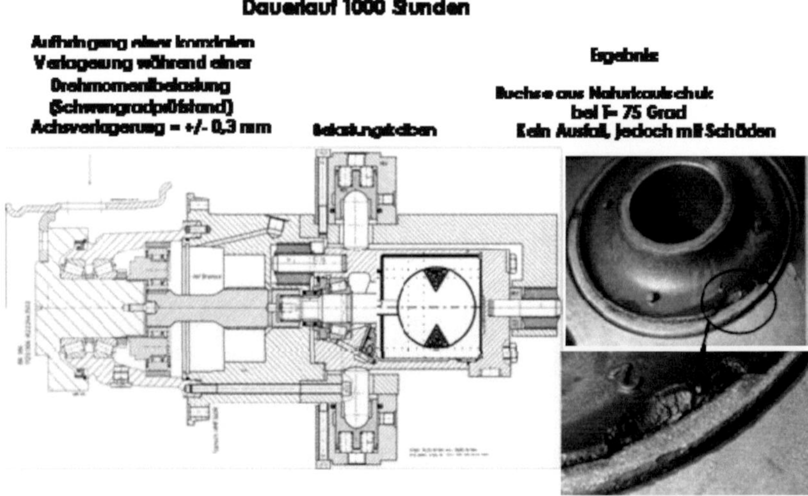

Abb.7:   Dauerlauf mit erzwungener Achsverlagerung

Ein zweiter Dauerlauf mit dem höher temperaturfesten Elastomer 70AEM23 wurde nach 500 Stunden Dauerlauf mit starken Schäden an allen vier Buchsen abgebrochen. Die Schadensbilder sind in Abbildung 8 dargestellt.

Für den Einsatz in dieser Anwendung ist es von großer Bedeutung, dass die Elastomer-Lager ihre Konzentrizität über die Betriebsdauer aufrecht erhalten. Um diese Materialeigenschaft zu untersuchen, wurde für die Gummi-Metall-Lager ein Kriechtest durchgeführt. In einer kleinen Vorrichtung wird bei einer konstanten Lastkraft von 800N die Verlagerung über der Zeit ermittelt, und zwar jeweils für 20°C und 120°C. Die Ergebnisse sind in Abbildung 9 für 20°C und in Abbildung 10 für 120°C aufgezeigt.

Ablösung am Außendurchmesser bei
allen 4 Buchsen

→ Buchse mit höherer Temperaturbeständigkeit
bringt keine Verbesserung, weitere Optimierung
mit Buchsenhersteller erforderlich

Abb.8:   Buchsenschäden nach Dauerlauf

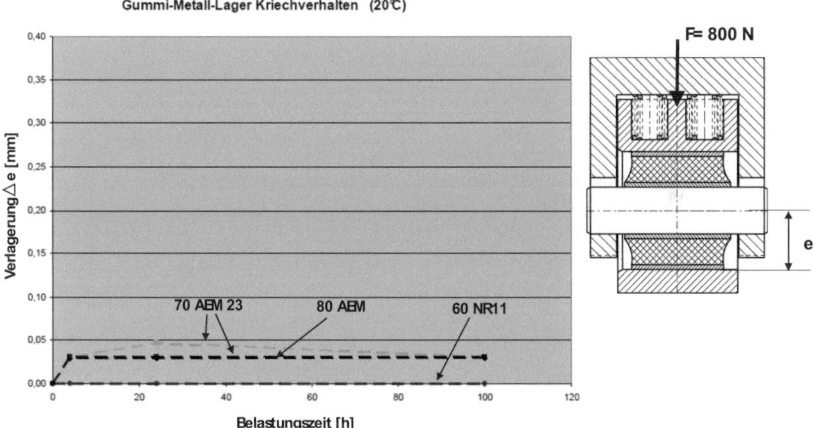

Abb.9:   Gummi- Metall-Lager, Kriechtest bei 20°C

Bei 20°C Umgebungstemperatur ist die Verschiebung gegenüber der Mittelachse für alle drei untersuchten Elastomere minimal und nimmt über der Versuchsdauer nicht weiter zu. Bei 120°C erweist sich der Naturkautschuk 60NR11 als ungeeignet, da nach 100 Stunden Einwirkzeit ein Versatz von fast 0,4 mm erreicht wird, und bei weiterer Versuchsdauer noch weiter zunehmen würde. Der höher temperaturfeste Elastomerwerkstoff 70AEM23 zeigt ein deutlich besseres Verhalten, insbesondere ist die Zunahme der Verlagerung über der Zeit deutlich geringer als bei Naturkautschuk.

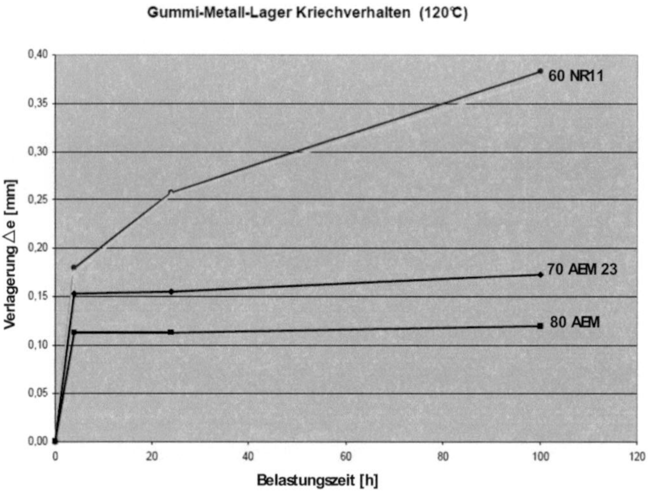

Gummi-Metall-Lager Kriechverhalten (120°C)

Abb.10:   Gummi- Metall- Lager, Kriechtest bei 120°C

Zusammenfassend kann gesagt werden, dass die Gummi-Metall-Lager zwar vorzügliche Dämpfungseigenschaften im Hinblick auf die Körperschall-abkopplung besitzen, bezüglich der Dauerfestigkeit in dieser Anwendung aber noch deutlichen Optimierungsbedarf für Bauform und Elastomer-Werkstoff aufweisen.

3   Körperschallabkopplung über Federstäbe

Um die langwierigen Optimierungen mit Geometrie- Veränderungen und Variation der Gummimischungen zu umgehen, wurde ein anderer Lösungsansatz untersucht: Ersatz der Gummi-Metall-Lager durch geeignet ausgelegte Federelemente aus Stahl. Stahlfedern haben gegenüber Gummi den bestechenden Vorteil, dass unabhängig von Umgebungstemperatur und Umgebungsmedium keine Alterungs- und Kriecheffekte auftreten. Darüber hinaus ist die Dauerfestigkeit vergleichsweise einfach berechenbar und wird bei der Auslegung mit berücksichtigt. Nachteilig bei Stahlfedern sind die lineare Federkennlinie und die geringere Eigendämpfung.

Die Einbausituation der Federstäbe geht aus Abbildung 11 und Abbildung 12 hervor. Jede Seite der Hydromotoreinheit wird über 3 Federstäbe im Achsgehäuse gelagert, in axialer Richtung erfolgt die Fixierung über Gummipuffer. Die Federstäbe sind so ausgelegt, das ihre Federsteifigkeit der mittleren Steifigkeit der Gummi-Metall-Lager im Arbeitsbereich der Körperschalldämpfung (< +/-0.05 mm) entspricht. Hohe Beschleunigungen aufgrund von Fahrbahnstößen würden wegen der fehlenden Progressivität der Federkennlinie zu einem zu großen Achsversatz führen. Zur Begrenzung des Achsversatzes wird die Bewegungsfreiheit in radialer Richtung durch einen Anschlagring aus Kunststoff oder Metall begrenzt.

Bei der Auslegung des Federstabes wurden die folgenden Aspekte berücksichtigt: hohe Eigenfrequenz, die möglichst oberhalb der Anregungs-frequenzen der Hydromotoren liegen sollte, um diese nicht auf die Achse zu übertragen und gleichmäßige Spannungsverteilung über der Länge für Dauerfestigkeit bei kleinen Abmessungen. In Abbildung 13 sind die Spannungsverteilung (Mises Vergleichsspannung) im Federstab sowie verschiedenen Eigenschwingungsformen dargestellt. Die Federstäbe sind hohl gebohrt, um durch die geringere Masse eine höhere Eigenfrequenz zu erreichen. Die erste Eigenschwingungsform liegt bei ca. 3kHz und ist damit weit genug von den Anregungsfrequenzen entfernt, die erfahrungsgemäß oberhalb von 1kHz deutlich in der Anregungsamplitude abfallen.

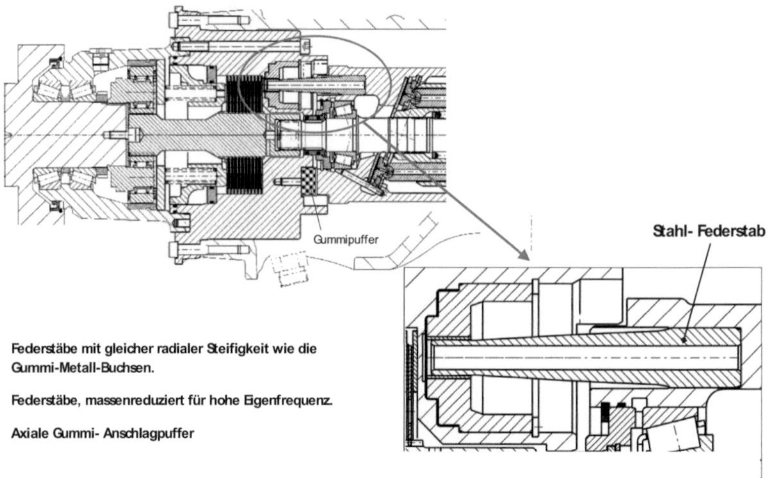

Abb.11:   Abkopplung über Stahl- Federstäbe

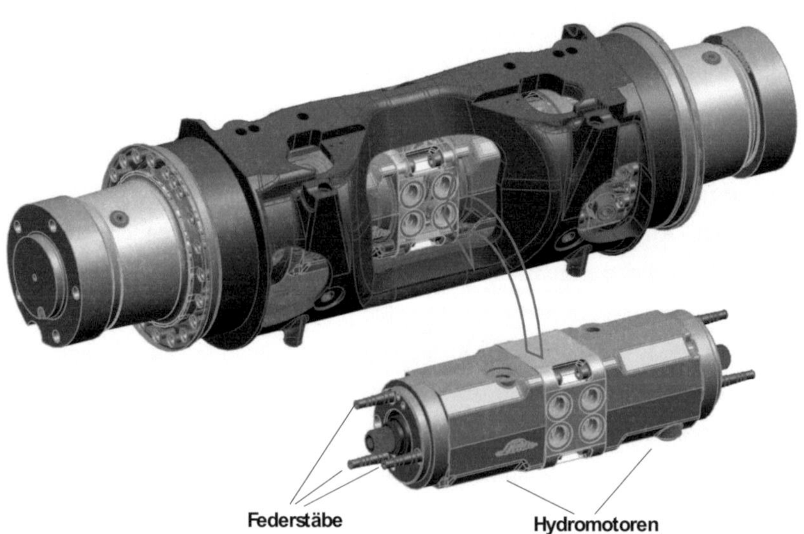

Abb.12:   Achse und Hydromotoreneinheit mit Federstäben

Die Wirksamkeit der Abkopplung über Federstäbe wurde durch Messungen im Fahrzeug nachgewiesen. Um konstante Randbedingungen während der Messungen und gute Reproduzierbarkeit zu gewährleisten wurden die Messungen auf einem Rollenprüfstand durchgeführt, auf dem reale Fahrzustände nachgebildet werden können.

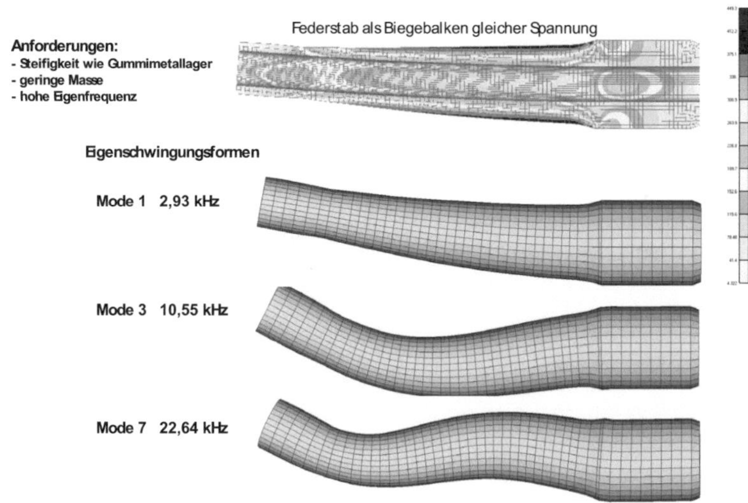

Abb.13:   Berechnungsergebnisse zur Auslegung der Federstäbe

Die Messungen in Abbildung 14 zeigen die Frequenzspektren der Beschleunigungssignale der Hydromotoreinheit (oben) und der Achse (unten) im Vergleich, während einer quasistationären Beschleunigung des Fahrzeug an einer 5 %- Steigung mit Nennlast. Dargestellt ist hier nur die Auswertung der Beschleunigung in Fahrtrichtung, da diese verglichen mit den andern Richtungen am markantesten ist. Bezogen auf die Achse entspricht das der tangentialen Komponente, da die Sensoren jeweils auf der Oberseite von Motoreinheit und Achse angebracht waren.

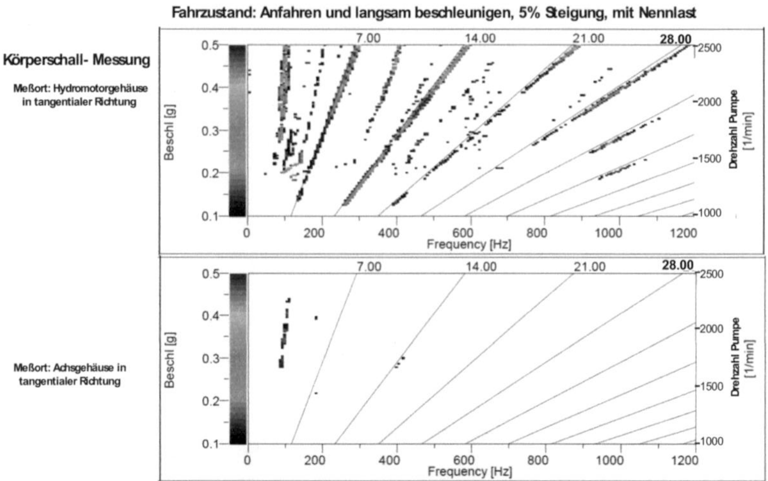

Abb.14:   Messergebnisse mit Abkopplung über Federstäbe

Die Messung vom Motorengehäuse (oben) zeigt deutlich die Harmonischen der Pumpenfrequenz. Die 7. Ordnung der Pumpendrehzahl (Pumpendrehzahl= Dieseldrehzahl) ist die Grundfrequenz der Pumpenpulsation, da das Pumpentriebwerk 7 Kolben besitzt. Die Auswertung der Messung vom Achsgehäuse (im Abbildung 13 unten) zeigt, dass die Abkopplung über die Federstäbe sehr wirksam ist. Die Harmonischen der Pumpenfrequenz liegen alle unterhalb des Darstellungsbereichs. Lediglich bei ca. 100 Hz sind noch Anteile zu finden.

Der direkte Vergleich zwischen der Abkopplung über Gummi-Metall-Lager und der Abkopplung über Stahl-Federelemente ist in Abbildung 15 gegenübergestellt. Die Spektren für beide Versionen sind nahezu identisch. Damit ist nachgewiesen, dass die Abkopplung über Federstäbe, zumindest in dieser Anwendung, der Abkopplung über Gummi-Metall-Lager ebenbürtig ist. Aufgrund der unproblematischeren mechanischen Eigenschaften wird die Federstab- Variante favorisiert.

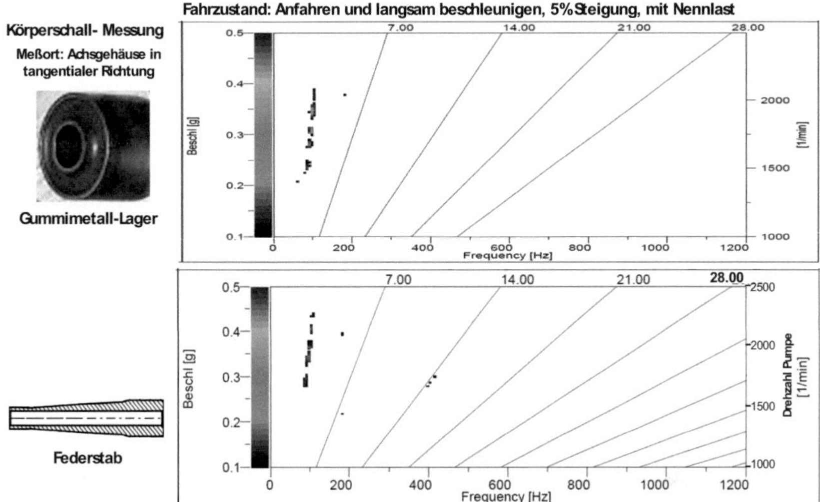

Abb.15: Vergleich der Abkopplungswirkung von Gummi- Metall- Lager und Federstab

159

Karlsruher Schriftenreihe Fahrzeugsystemtechnik
(ISSN 1869-6058)

Herausgeber: FAST Institut für Fahrzeugsystemtechnik

**Die Bände sind unter www.ksp.kit.edu als PDF frei verfügbar oder
als Druckausgabe bestellbar.**

Karlsruher Schriftenreihe Fahrzeugsystemtechnik
(ISSN 1869-6058)

Herausgeber: FAST Institut für Fahrzeugsystemtechnik

Band 8   Vladimir Iliev
           **Systemansatz zur anregungsunabhängigen Charakterisierung
           des Schwingungskomforts eines Fahrzeugs.**
           2011
           ISBN 978-3-86644-681-6

Band 9   Lars Lewandowitz
           **Markenspezifische Auswahl, Parametrierung und Gestaltung
           der Produktgruppe Fahrerassistenzsysteme. Ein methodisches
           Rahmenwerk.**
           2011
           ISBN 978-3-86644-701-1

Band 10   Phillip Thiebes
           **Hybridantriebe für mobile Arbeitsmaschinen. Grundlegende
           Erkenntnisse und Zusammenhänge, Vorstellung einer Methodik
           zur Unterstützung des Entwicklungsprozesses und deren
           Validierung am Beispiel einer Forstmaschine.**
           2012
           ISBN 978-3-86644-808-7

Band 11   Martin Gießler
           Mechanismen der Kraftübertragung des Reifens auf Schnee und Eis.
           2012
           ISBN 978-3-86644-806-3

Band 12   Daniel Pies
           **Reifenungleichförmigkeitserregter Schwingungskomfort –
           Quantifizierung und Bewertung komfortrelevanter
           Fahrzeugschwingungen.**
           2012
           ISBN 978-3-86644-825-4

Band 13   Daniel Weber
           Untersuchung des Potenzials einer Brems-Ausweich-Assistenz.
           2012
           ISBN 978-3-86644-864-3

Band 14   **7. Kolloquium Mobilhydraulik. 27./28. September 2012 in Karlsruhe.**
           2012
           ISBN 978-3-86644-881-0